Stacey Lee Leijenaar

Conservação e cooperação agrícola

Stacey Lee Leijenaar

Conservação e cooperação agrícola

Controlo de Predadores na África do Sul: Satisfazendo as Expectativas e Objectivos da Conservação e da Agricultura

ScienciaScripts

Imprint
Any brand names and product names mentioned in this book are subject to trademark, brand or patent protection and are trademarks or registered trademarks of their respective holders. The use of brand names, product names, common names, trade names, product descriptions etc. even without a particular marking in this work is in no way to be construed to mean that such names may be regarded as unrestricted in respect of trademark and brand protection legislation and could thus be used by anyone.

Cover image: www.ingimage.com

This book is a translation from the original published under ISBN 978-3-659-83099-0.

Publisher:
Sciencia Scripts
is a trademark of
Dodo Books Indian Ocean Ltd. and OmniScriptum S.R.L publishing group

120 High Road, East Finchley, London, N2 9ED, United Kingdom
Str. Armeneasca 28/1, office 1, Chisinau MD-2012, Republic of Moldova, Europe
Printed at: see last page
ISBN: 978-620-8-26058-3

Índice:

Agradecimentos

Este livro é dedicado à minha mãe, sem a qual nunca teria existido, e a quem apoiou e continua a apoiar a minha formação contínua. Gostaria de agradecer ao resto da minha família e amigos pelo seu apoio e encorajamento. Para além disso, gostaria de agradecer ao Dr. Pieter Slabbert por me ter devolvido uma vida que me permite prosseguir esforços como este. Estou muito grato ao Dr. Whitehouse-Tedd, cujo interesse, conhecimentos e tempo foram fundamentais para orientar este trabalho. Por último, a Deon Cilliers e à Cheetah Outreach agradeço sinceramente o trabalho incansável de conservação que realizam e a sua disponibilidade para partilharem comigo as suas informações.

Livro editado por: Dra. Katherine Whitehouse-Tedd

A conservação é um estado de harmonia entre o homem e a terra -Aldo Leopold

Introdução

Historicamente, a vida selvagem tem sido vista pelas pessoas em termos dos benefícios económicos que podem ser obtidos a partir dela. [th]A perseguição de predadores tem uma longa história; no século XX a.C., a cidade de Atenas, na Grécia, emitiu recompensas estatais pela morte de lobos para proteger o seu gado (Sillero-Zubiri & Switzer 2004). Originalmente, muitas agências de proteção da vida selvagem não estavam de facto encarregadas da proteção da vida selvagem, mas sim da proteção das pessoas e das suas propriedades contra a vida selvagem. Os carnívoros estão particularmente predispostos a entrar em conflito com as pessoas devido às suas necessidades alimentares e à grande dimensão das suas áreas de vida (Inskip & Zimmermann 2009). Muitas espécies foram consideradas como pragas devido ao seu impacto nas actividades agrícolas.

Tradicionalmente, os conflitos entre pessoas e predadores eram resolvidos simplesmente tentando eliminar a ameaça. Por exemplo, quase metade de toda a mortalidade de chitas selvagens, *Acinonyx jubatus,* deveu-se à perseguição por humanos em terras agrícolas (Thorn et al. 2014). As consequências desta situação podem ser catastróficas e os resultados do controlo indiscriminado são imprevisíveis. Nos últimos dois séculos, duas espécies de predadores envolvidas em tais conflitos foram extintas: o lobo da Tasmânia, *Thylacinus cynocephalus*, e a raposa das Ilhas Falkland, *Dusicyon australi* (Swarner 2004). No entanto, esta abordagem raramente conduz a uma redução a longo prazo da predação global e das perdas de gado, apesar de reduções potencialmente dramáticas no número de predadores visados.

Na história mais recente, houve, no entanto, mudanças significativas na forma como vemos a vida selvagem e o nosso papel em relação a ela (Sillero-Zubiri & Switzer 2004). Registou-se um aumento acentuado na apreciação do valor da vida selvagem de um ponto de vista não materialista. A sociedade passou por uma mudança educacional e de paradigma em termos de como a vida selvagem é vista e considerada. A opinião pública está a ter um maior impacto na criação de ambientes éticos nos quais se desenvolvem as actividades agrícolas. Já não se considera apropriado simplesmente ignorar a fauna bravia se esta prejudicar os planos económicos dos agricultores (Sillero-Zubiri & Switzer 2004). No entanto, este ponto de vista nem sempre é defendido por aqueles que efetivamente vivem conflitos com predadores. Isto é compreensível porque as perdas de gado podem ser substanciais. Este livro procura explorar os vários métodos de controlo letais e não letais utilizados pelos agricultores como possíveis soluções para situações de conflito entre humanos e predadores. O livro adopta uma abordagem holística das estratégias de mitigação de conflitos e tem como objetivo demonstrar que não existe uma solução genérica que possa ser aplicada universalmente, mas sim que cada situação única dita o seu próprio método ou combinação de métodos preferidos para resolver o conflito. O sucesso é definido como sendo uma solução que apoia tanto os objectivos de conservação como os objectivos agrícolas.

Para além de fornecer uma visão geral dos métodos disponíveis de atenuação dos conflitos entre humanos e predadores, letais e não letais, são fornecidos pormenores de exemplos práticos em que os métodos foram bem e mal sucedidos. Os exemplos práticos ultrapassam frequentemente os dados científicos como meio de transmitir informações a um público mais vasto. É dada especial atenção à utilização de cães de guarda de gado, uma vez que este método é atualmente muito promissor como meio de reduzir as perdas de gado, ao mesmo tempo que pode ser ecologicamente correto no contexto sul-africano. Este livro foi escrito a partir de uma perspetiva sul-africana, mas muitos dos exemplos são de ou podem ser aplicados num contexto global.

Este livro procura, portanto, contribuir com informações sobre os métodos letais e não letais de controlo de predadores atualmente disponíveis, para ajudar a permitir que métodos de mitigação adequados e bem sucedidos se tornem mais difundidos e aceitáveis para a comunidade agrícola, ao mesmo tempo que encoraja os conservacionistas a continuarem a incluir metas agrícolas nos objectivos dos seus programas.

Capítulo 1

Predação: impactos económicos, sociais e ecológicos

Para construir relações bem sucedidas e a longo prazo, todas as perspectivas e objectivos de todas as partes interessadas devem ser ponderados e considerados. A predação de pequenos animais na África do Sul é um problema comum, com alguns agricultores a perderem até 30-40% da sua colheita de cordeiros desde o nascimento até à idade adulta (King 2004). O gado domesticado perdeu frequentemente os mecanismos instintivos que permitiam aos seus antepassados evitar a predação, tornando-os particularmente vulneráveis à predação (Bothma 2012).

A perda de gado devido a depredação é um custo suportado pelos agricultores, por vezes talvez devido a esforços de conservação, como a reintrodução de uma espécie de predador na zona. Muhly e Musiani (2009) descobriram que, entre 1987 e 2003, o gado morto por lobos custou aos produtores, em média, 11.076.49 dólares por ano. Embora este valor represente menos de 0,01% do rendimento bruto anual das explorações pecuárias, é importante recordar que essas perdas não são distribuídas de forma equitativa e, por conseguinte, embora constituam um custo menor para o sector, podem representar um custo significativo para os produtores ou agricultores individuais. Os regimes de compensação e as formas alternativas de compensar estes custos são discutidos em secções posteriores.

Os predadores têm impactos substanciais na estrutura e função dos ecossistemas em que existem. Quando os predadores são adicionados ou removidos de um sistema, ocorrem consideráveis interações tróficas em cascata, em parte negociadas por presas e mesopredadores simpáticos. Essas mudanças podem incluir a alteração da estrutura populacional de outros taxa, a alteração da dinâmica de doenças, o sequestro de carbono, a reforma da morfologia dos cursos de água e os danos às culturas (Ripple et al. 2004). É compreensível que surjam conflitos, no entanto, como este livro mostrará, existem numerosas ferramentas disponíveis para mitigar os impactos negativos e promover a tolerância e relações de trabalho bem sucedidas entre agricultores e conservacionistas.

Um aspeto que também deve ser considerado é que os conservacionistas e os agricultores não são as únicas partes interessadas no debate sobre o controlo dos predadores. Os predadores têm a capacidade de ter um impacto diverso numa série de factores. Por exemplo, as comunidades locais podem ter opiniões ou pontos de vista muito variados sobre os predadores. Romanch et al. (2007) verificaram que as comunidades locais que eram, em certa medida, apoiadas pelo ecoturismo ou pela caça tinham uma maior tolerância em relação aos predadores. Os membros da comunidade com títulos de propriedade das suas terras eram os mais tolerantes, o que realça a importância da segurança da terra para a conservação. O uso primário da terra em grande parte de África é a agricultura de subsistência e, por isso, quando se procuram métodos para reduzir os conflitos e aumentar a tolerância, o enfoque neste sistema de posse da terra pode ser muito benéfico.

O foco principal deste livro é investigar várias ferramentas letais e não letais que estão disponíveis para reduzir os conflitos entre humanos e animais selvagens, mas é importante não esquecer o contexto mais amplo em que essas ferramentas serão usadas e aplicadas.

Conservação de predadores numa paisagem dominada pela agricultura

A predação é uma parte central de um ecossistema funcional e não pode ser simplesmente separada de outras questões ambientais (Bothma 2012). Atualmente, isto é de particular importância, uma vez que os conflitos entre os seres humanos e a vida selvagem, tanto em termos de frequência como de custo, parecem estar a aumentar em muitas áreas em todo o mundo (Treves & Karanth 2003, Inskip & Zimmermann 2009).

Em África, muitas populações de carnívoros existem fora das áreas protegidas (Thorn *et al.* 2014). O aumento dos conflitos ocorre frequentemente quando há um elevado nível de modificação do ambiente em que os predadores ocorrem. Estas modificações podem reduzir os territórios, bem como a disponibilidade de presas naturais. O gado compete com os herbívoros selvagens pelos recursos, reduzindo assim a abundância de herbívoros selvagens que, de outro modo, teriam fornecido a base primária de presas para os carnívoros. Isto faz com que os predadores se voltem para recursos alternativos, como o gado, para complementar a sua dieta.

O aumento da exposição ou do contacto entre predadores e humanos pode também aumentar os conflitos, uma vez que os predadores podem começar a perder o seu medo instintivo dos humanos. Do mesmo modo, a recuperação das populações de algumas espécies de predadores após a proteção pode, por si só, exacerbar ou reacender o conflito devido ao aumento do contacto entre predadores e humanos ou gado (Sillero-Zubiri & Switzer 2004, Bothma 2012).

Para evitar novas extinções e outros impactos ambientais negativos, é necessário encontrar abordagens que permitam a coexistência de predadores e pessoas. Os programas de recuperação, reintrodução e recolonização não funcionarão se a causa do declínio não for resolvida e se não forem criados novos conflitos (Swarner 2004). Assim, é necessário investigar formas de satisfazer as nossas necessidades agrícolas, limitando simultaneamente os impactos negativos sobre as espécies selvagens presentes nestes sistemas ecológicos. Isto exige frequentemente a reconciliação e a colaboração entre os esforços de conservação e as estratégias de gestão agrícola. Dado que a raça humana continua a crescer a um ritmo espantoso, é necessário aumentar as actividades agrícolas para satisfazer as necessidades da população em expansão. Consequentemente, é provável que se verifique um aumento do contacto entre predadores e agricultores, uma vez que a situação exige a utilização de mais habitat natural para actividades agrícolas, o que resulta na perda de habitat para as populações de animais selvagens e na redução da base de presas naturais para os carnívoros em liberdade. Por conseguinte, o aumento observado nos conflitos entre humanos e animais selvagens é um resultado esperado. Para atenuar esse conflito, é vital compreender as relações entre o agricultor e o predador e identificar as técnicas de gestão do predador ou do rebanho que melhor apoiam o sistema como um todo, incluindo os objectivos do agricultor.

A identificação correta da causa de morte é uma componente importante para a mitigação de conflitos. Muitas vezes, as perdas de gado são atribuídas à predação antes de se considerarem outras causas. A identificação da causa correta da perda é fundamental para ultrapassar estas perdas. Se for demonstrado que a predação é responsável pela perda, a identificação correta do animal responsável torna-se o passo seguinte mais importante (Marker 2003). A presença, a posição, a disposição e a profundidade das feridas feitas pelos dentes mostrarão que tipo de predador pode ser responsável pelo ataque. O padrão de alimentação, a presença e o tipo de marcas de arrastamento, bem como o padrão de hemorragia, também podem ser utilizados na determinação. A idade e o sexo do predador devem ser determinados para evitar a perseguição da espécie em geral. Além disso, é importante excluir as informações de necrófagos que possam ter-se alimentado da carcaça, deixando os seus próprios rastos, marcas de mordedura e outras informações que possam confundir a situação. Os nomes científicos devem ser utilizados na identificação para evitar confusão com base em nomes comuns localizados ou regionais. Muitos dos meios de identificação de predadores acima mencionados podem exigir conhecimentos especializados; é aqui que a promoção de uma relação saudável com especialistas em vida selvagem pode ser de grande vantagem neste processo. Uma vez identificado o predador, podem ser decididas as medidas de controlo mais adequadas (em termos de custo, recursos disponíveis, como mão de obra, impacto ecológico e prevenção de futuros ataques) (Hodkinson 2012, Bothma 2012).

A abordagem do conflito entre humanos e animais selvagens e o desenvolvimento de programas de mitigação tendem a envolver duas escolas principais de pensamento (Rust 2016). Por um lado, o uso de métodos letais para controlar os predadores é visto por alguns como a solução mais eficaz (Potgieter 2011). Por outro lado, outros defendem a utilização de métodos de controlo não letais para reduzir com sucesso os conflitos (Potgieter 2011). Os grupos de partes interessadas estão muitas vezes polarizados, o que leva a um aumento rápido da inflexibilidade das regras e regulamentos que regem o controlo da fauna bravia, muitos dos quais se baseiam na

intolerância e não na informação (Bothma 2012).
As instituições na África do Sul, tal como em muitos outros países, responsáveis pela gestão de conflitos entre humanos e animais selvagens e pela aplicação da legislação sobre biodiversidade são frequentemente prejudicadas por recursos humanos e de capital limitados (Bothma 2012). Por isso, torna-se importante envolver as pessoas envolvidas no planeamento da gestão, bem como os agricultores e conservacionistas que trabalham no terreno, para que a resolução de conflitos seja bem sucedida. Estas partes interessadas estão em posição de fornecer informações extremamente úteis, permitindo que os recursos sejam direcionados de forma a maximizar os benefícios para todas as partes interessadas (Thorn *et al.* 2014). O aumento esperado do conflito entre predadores humanos num contexto agrícola intensifica a necessidade de encontrar soluções que sejam biologicamente eficientes, mas que ainda permitam aos agricultores cumprir os seus outros objectivos de gestão. A educação e a divulgação de informações são fundamentais para permitir que os seres humanos e a vida selvagem coexistam amigavelmente. Muitas vezes, as decisões de gestão são tomadas com base em percepções e métodos tradicionais transmitidos e não com um arsenal completo de informações, o que faz com que ambos os grupos (humanos e animais selvagens) lutem mais do que o necessário. Os ecossistemas equilibrados e funcionais requerem a tolerância de todas as espécies neles existentes (Bothma 2012, Thorn et al. 2012, Wilkes 2014).

Historicamente, os carnívoros têm sido vistos pelos agricultores como pragas que requerem extermínio. No entanto, a nova compreensão do papel dos predadores num ecossistema e a tecnologia inovadora oferecem mais opções para práticas agrícolas que permitem que tanto o agricultor como o carnívoro partilhem espaços sem grandes custos para ambos (Potgieter 2011). Métodos de controlo letais e não letais bem geridos têm o potencial de diminuir as ameaças tanto para os seres humanos como para o gado, ao mesmo tempo que permitem ao agricultor cumprir objectivos não relacionados com a conservação e sem implicar a extinção ou outras ameaças graves para a vida selvagem. A avaliação destes métodos de controlo numa série de circunstâncias permite determinar a adequação e a eficácia do método numa base caso a caso. A eficácia de muitos métodos é largamente desconhecida ou não foi quantificada de forma fiável, sendo necessária mais investigação. Ao rever o estado atual dos conhecimentos a este respeito, os aspectos que beneficiariam de uma maior compreensão são destacados nos capítulos seguintes e são identificadas oportunidades para um estudo mais aprofundado.

É também necessária mais informação para permitir que os métodos bem sucedidos passem da pequena escala para a implantação em grande escala. As decisões de gestão baseadas em informações relevantes e precisas permitirão aos agricultores gerir os predadores de forma mais eficaz e maximizar a forma como os recursos limitados, como o financiamento, são atribuídos para atingir os objectivos de gestão e conservação.

Capítulo 2

Controlo Letal

Historicamente, os agricultores têm procurado dar às espécies pecuárias uma vantagem competitiva sobre a vida selvagem nas zonas em que cultivam. Muitas vezes, a estratégia mais barata e mais prática (em termos de tempo, trabalho e eficácia) para o conseguir tem sido a erradicação da concorrência. Os grandes vertebrados tendem a ser relativamente fáceis de eliminar devido a densidades mais baixas e taxas de reprodução mais lentas em comparação com espécies mais pequenas (Potgieter 2011). Consequentemente, os programas de controlo letal foram anteriormente responsáveis pelo declínio da população de uma variedade de espécies. No passado, muitos agricultores efectuaram uma gestão preventiva, abatendo os animais sempre que os viam ou capturando-os em armadilhas vivas, mesmo que não se saiba da existência de predação. No entanto, muitas espécies são culpadas por mais perdas do que aquelas pelas quais são efetivamente responsáveis (Marker-Kraus & Kraus 1997, Kissui 2008).

Com a mudança de atitudes sociais em relação à fauna bravia que ocorreu mais recentemente, a proteção da fauna bravia tornou-se um objetivo cada vez mais popular, e não apenas para os conservacionistas. A opinião pública fora das comunidades agrícolas é geralmente mais recetiva a formas não letais de gestão de conflitos. Além disso, muitos grupos de direitos dos animais são extremistas na sua opinião, falando alto e agressivamente contra o controlo letal (Potgieter 2011).

No entanto, é importante notar que o controlo letal pode ter um papel legítimo na resolução de conflitos entre humanos e fauna bravia e não deve ser simplesmente descartado como cruel e ineficaz; exemplos disto são discutidos mais detalhadamente abaixo. O controlo letal pode, se conduzido adequadamente, ser um instrumento de gestão eficaz que permite a coexistência do agricultor e da fauna bravia, promovendo potencialmente um ecossistema mais equilibrado do que outros métodos (Treves & Naughton-Treves 2005). Além disso, o controlo letal tem a possibilidade de contribuir grandemente para um controlo eficaz a longo prazo e pode beneficiar as populações de predadores. Se os métodos de controlo forem específicos e visarem culpados individuais, o comportamento de depredação de gado pode ser artificialmente selecionado contra essa população de predadores. Isto aconteceria se os predadores que matam gado fossem removidos antes de terem sucesso reprodutivo, impedindo que os traços de comportamento de destruição de gado se perpetuem na população, quer através de um comportamento aprendido, quer se existir um traço genético associado a este comportamento (Woodroffe et al. 2004). Os conflitos resultantes da perseguição de predadores podem ser reduzidos após a remoção dos animais "problemáticos" e a tolerância em relação a animais não responsáveis pela predação pode aumentar. A espécie como um todo pode beneficiar com a remoção de um indivíduo. Isto pode também aumentar a aprovação pública da proteção dos restantes animais. O aumento da especificidade dos animais visados para remoção requer um maior nível de especialização (ou seja, para identificar corretamente o animal problemático) e, como resultado, pode ser menos prático para a utilização geral (Shivik 2006, Potgieter 2011).

No entanto, um problema importante que pode estar associado ao controlo letal, se for administrado de forma inadequada ou se o método escolhido não for apropriado, é a natureza frequentemente temporária de qualquer redução de conflitos daí resultante. Os imigrantes conspecíficos podem rapidamente preencher os territórios vagos criados pela remoção dos animais problemáticos, ou a população da espécie predadora pode recuperar nos anos seguintes aos programas de extermínio. Embora este facto indique a resiliência e a viabilidade da população, é problemático para a gestão de conflitos. Além disso, a resiliência natural da maioria das populações de animais selvagens num ecossistema em bom funcionamento significa frequentemente que a redução do número total de predadores não será provavelmente permanente. Do mesmo modo, outras espécies de predadores, anteriormente suprimidas pelas espécies exterminadas, podem começar a utilizar o nicho ecológico aberto e tornar-se elas próprias animais problemáticos. Em alguns casos, a mortalidade devida a acções de controlo em explorações agrícolas individuais substitui a que teria ocorrido naturalmente, uma vez que os culpados podem ser levados a matar gado devido a ferimentos, doenças ou idade, factores que os levam a atacar alvos mais fáceis, como o gado doméstico, que frequentemente perdeu os seus instintos de presa (Bothma 2012).

Woodroffe *et al.* (2004) examinaram uma série de estudos que utilizaram o controlo letal e sugeriram que 11-71% dos predadores mortos para reduzir ou evitar conflitos não apresentavam provas de terem estado envolvidos nos conflitos. Este facto é digno de nota, uma vez que a remoção dos não-culpados, para além de ser moralmente questionável, pode ter o efeito oposto ao desejado, em que os culpados prosperam devido à redução da concorrência resultante da remoção dos não-culpados, resultando num aumento dos conflitos. A remoção de meso-predadores, como chacais de dorso negro, *Canis mesomelas*, e caracais, *Caracal caracal*, pode iniciar respostas demográficas compensatórias, incluindo aumento da natalidade e imigração (Thorn et al. 2014).

Por conseguinte, o abate aleatório de espécies de predadores que não visa os culpados pela depredação do gado pode causar mais danos ecológicos do que benefícios. A funcionalidade do ecossistema pode ficar comprometida e outras espécies são afectadas. Por exemplo, a remoção de espécies de predadores de grande porte permite muitas vezes o desenvolvimento de predadores de pequeno e médio porte, o que é conhecido como libertação de meso-predadores. Uma libertação de meso-predadores pode levar a maiores perdas por predação devido a uma maior competição por presas naturais por parte de predadores que actuam no mesmo nível trófico (Treves & Karanth 2003).

A Lei Nacional de Biodiversidade Ambiental da África do Sul - NEMBA (Lei 10 de 2004) proíbe uma variedade de actividades de controlo da fauna bravia que anteriormente eram legais. Os métodos letais actuais, mesmo que legais, podem ser problemáticos se não forem selectivos, especialmente porque a fauna bravia rara pode ser inadvertidamente visada, colocando os utilizadores em terreno legal instável. Por conseguinte, o controlo letal deve ser orientado, específico e combinado com boas práticas de criação para ser mais benéfico. Os métodos letais devem ser executados por profissionais formados e todas as autorizações necessárias devem estar em ordem antes de quaisquer acções serem empreendidas.

A remoção de predadores terá maior sucesso se for selectiva e realizada com um conhecimento profundo do contexto ecológico em que ocorre (Swarner 2004). A eficácia dos métodos de controlo letal deve ser medida adequadamente, ou seja, em termos de redução das perdas de gado e não em termos de número de predadores mortos, de modo a determinar com maior precisão as taxas de sucesso agrícola dos vários métodos (Treves & Naughton-Treves 2005).

Veneno

Os métodos de envenenamento tendem a provocar um compromisso entre a viabilidade económica, a conservação (especificidade do alvo) e o bem-estar dos animais. Nenhum método que utilize veneno consegue satisfazer os três critérios (Sillero-Zubiri & Switzer 2004).

Os venenos como o 1080 (monofluoroacetato de sódio) são eficazes contra os predadores mas causam uma morte lenta e dolorosa. Como tal, estes tipos de venenos são proibidos nalgumas áreas ou limitados em termos de utilização e número, uma vez que também são letais para os seres humanos. Por conseguinte, o tipo de veneno deve ser selecionado cuidadosamente para evitar o controlo ilegal e a crueldade desnecessária contra os animais.

As coleiras podem ser utilizadas como meio de administração de veneno; estão cheias de cianeto de sódio ou de outros venenos que são libertados quando um predador perfura a sua camada exterior. As coleiras de proteção do gado exibem um corante vermelho vivo na lã das ovelhas quando perfuradas, o que constitui um sinal para o agricultor de que é provável que um predador morto se encontre nas proximidades. A eficácia destas coleiras varia em função do material e do tamanho da coleira, bem como do tamanho das espécies de animais (Burns et al. 1996). Estas coleiras são geralmente consideradas ineficazes a longo prazo, mas podem ser úteis a curto prazo. Os colares envenenados podem ser utilizados para a remoção a curto prazo de predadores habituais ou para reduzir as populações locais de predadores em alturas específicas, por exemplo, imediatamente antes da parição. Trata-se de um meio através do qual os animais que escaparam a outros métodos de captura podem ser visados. Contudo, os venenos utilizados podem ser letais para os seres humanos e outros vertebrados e devem ser utilizados com extrema precaução (Mitchell et al. 2004, Sillero-Zubiri & Switzer 2004, Bothma 2012).

Outros venenos, como o carbofurano, podem ser letais para os necrófagos que se alimentam dos cadáveres dos animais mortos. A utilização de um produto químico aprovado tem a vantagem de os predadores serem mortos antes de um animal de criação ser atacado. Além disso, as carcaças dos predadores mortos desta forma são geralmente fáceis de localizar e remover, retirando assim a toxina do ambiente e ajudando assim a garantir que os animais não visados não são diretamente mortos (McBride 1990, Rollins 1995, Mitchell, Jaeger & Barrett 2004, Eisler 2007).

Os predadores, como o chacal de dorso negro, são inteligentes e a utilização de isco envenenado é muitas vezes ineficaz, uma vez que um envenenamento não fatal impede frequentemente os predadores de repetirem a experiência de necrófago. Além disso, ao contrário das coleiras, o isco com veneno não é seletivo e pode ter repercussões ecológicas generalizadas, incluindo o envenenamento secundário de outras espécies (Kalaivann et al. 2011). A estricnina é o único veneno que pode atualmente ser comprado sob prescrição numa farmácia na África do Sul, mas é ilegal de usar sem primeiro obter uma autorização da autoridade provincial relevante (Snow 2008, Bothma 2012).

O uso ilegal de venenos não é raro e a sua utilização está frequentemente relacionada com a presença de gado. Neste caso, o veneno é frequentemente utilizado como forma de retaliação contra actos de predação. No entanto, isto ameaça não só o ecossistema em que se insere, mas também a biodiversidade numa escala muito maior. A utilização de venenos ilegais não tem apenas consequências ambientais graves, mas também consequências sociais e económicas. Muitas facções da sociedade opõem-se moralmente à utilização de venenos, o que pode ter um efeito de arrastamento com indivíduos ou empresas que preferem obter a sua carne ou produtos animais de explorações que aparentemente empregam métodos de controlo menos cruéis (Ripple et al. 2004, Bothma 2012). O veneno pode ser utilizado ilegalmente para atingir especificamente a vida selvagem ou pode ser introduzido involuntariamente quando utilizado como pesticida (Hodkinson et al. 2007). Muitas espécies diferentes em todo o mundo são mortas anualmente através do uso ilegal de venenos, incluindo 60 000 aves no norte da Argentina em 1997; 80 águias no oeste do Canadá em 1993-2002 e 433 aves de rapina na Escócia em 1998-2008 (Mateo-Tomas et al. 2012). A extinção local de uma série de espécies resultou da utilização de venenos, bem como da mortalidade de espécies ameaçadas de extinção. Apesar

destes grandes eventos confirmados, muitas mortalidades devidas a estas actividades não são registadas e, por conseguinte, não são detectadas. A verdadeira dimensão do impacto do uso ilegal de veneno não é conhecida, mas um questionário utilizado num inquérito do Endangered Wildlife Trust revelou que 22,5% dos agricultores abusavam dos agroquímicos, utilizando-os para envenenar carcaças, enquanto muitos outros (até 30%) os utilizavam para envenenar iscos que eram depois distribuídos na exploração (Snow 2008). Para garantir que apenas o uso legal ocorra, é vital educar os
sectores agrícolas, bem como assegurar que a perseguição legal é levada a cabo quando necessário, além disso, é necessária uma maior aplicação da legislação (Mateo-Tomas et al. 2012). Por conseguinte, embora a utilização de veneno em coleiras possa ser altamente selectiva, a utilização deste método é limitada devido a restrições legislativas e à aceitação social (Potgieter 2011).

Armadilhas de gin

As armadilhas Gin são uma forma de armadilhas para segurar as pernas e não são selectivas nem específicas para os animais visados. No entanto, existem diretrizes para melhorar a especificidade destas armadilhas, tais como as que se encontram na Lei de Gestão Ambiental Nacional: Lei da Biodiversidade: Normas e padrões para a gestão de animais causadores de danos na África do Sul [NEMBA] (Pietersen et al. 2014). As recomendações incluem a utilização de armadilhas com tensão ajustável que fazem com que a armadilha só seja acionada por uma massa corporal selecionada. Além disso, as armadilhas não devem ser colocadas em caminhos ou trilhos, mas sim adjacentes a vias públicas e devem ser verificadas regularmente para minimizar a probabilidade de espécies não-alvo serem apanhadas ou feridas. No entanto, estas diretrizes não são frequentemente seguidas (Snow 2008), de tal modo que a utilização destas armadilhas é objeto de um debate considerável, sendo atualmente ilegal em muitas partes do mundo (Sillero-Zubiri & Switzer 2004). Na África do Sul é legal utilizar certos tipos de armadilhas para capturar chacais de dorso negro e caracais, desde que sejam obtidas autorizações. Oitenta por cento dos inquiridos pelo Endangered Wildlife Trust utilizaram armadilhas de descaroçamento como parte da sua estratégia de gestão de predadores, sendo que 100% destes confirmaram que animais não visados tinham sido capturados em algum momento com armadilhas (Snow 2008). Um animal apanhado numa armadilha para descaroçadores sofre frequentemente traumatismos devido à dor e aos ferimentos, acabando por levar a uma morte prolongada. Se um animal ferido conseguir escapar de uma armadilha, existe a possibilidade de que esse animal se volte para o gado como fonte de alimento, uma vez que é incapaz de caçar as suas presas naturais, criando ou exacerbando assim o conflito entre humanos e animais selvagens (Snow 2008).

O Clube de Caça de Oranjejag (África do Sul) levou a cabo uma operação de 32 anos que combinou a utilização de armadilhas com cães de caça. Embora 3377 caracais tenham sido mortos durante este período, a operação foi considerada infrutífera em termos de controlo dos caracais (Bothma 2012). Aplicável a todos os métodos letais é a constatação de Connolly e Longhurst (1975) que sugere que as populações de coiote, *Canis latrans*, podem resistir a um controlo letal de até 70% através da reprodução compensatória. Este facto ilustra a futilidade dos programas letais não direcionados de alta densidade.

Na África do Sul, as armadilhas de giz podem ser legalmente utilizadas para matar tipos específicos de predadores, desde que nenhuma espécie protegida seja morta acidentalmente como captura acessória. Existem versões de captura suave ou de tensão de panela, que são vistas pelo público em geral de uma forma mais favorável, mas o método tem elevados custos de mão de obra associados (as armadilhas têm de ser mantidas várias vezes por dia) e exige a contratação de pessoal formado (Bothma 2012). A UE celebrou dois acordos de armadilhagem sem crueldade em 1997. O Acordo sobre Normas Internacionais de Armadilhagem sem Crueldade (AIHTS) foi celebrado com a UE, o Canadá e a Rússia; foi celebrado um acordo separado com os Estados Unidos, devido aos requisitos regulamentares dos EUA. Ambos os acordos incorporam as mesmas normas (Talling & Inglis, 2009). Estas normas (assinadas em 1997), bem como uma norma ISO desenvolvida para o ensaio de armadilhas para mamíferos, são consideradas como diretrizes para as melhores práticas e devem ser respeitadas se estas armadilhas forem utilizadas, de modo a que a sua utilização seja feita de acordo com as melhores práticas de armadilhagem (Sillero-Zubiri & Switzer 2004).

Caça

A caça tende a ser um trabalho intensivo e requer alguma perícia e formação. Se os animais forem feridos em vez de mortos, isso pode levá-los a procurar presas mais fáceis, como o gado, pelo que se deve recorrer a caçadores profissionais para reduzir os disparos não fatais. Um batedor experiente pode ajudar muito na eficácia da caça, aumentando a probabilidade de se atingir o animal correto (Sillero-Zubiri & Switzer 2004). A caça tem a vantagem de poder ser extremamente específica e muito mais humana (se efectuada profissionalmente) quando comparada com outros métodos letais. A caça também pode ajudar a aumentar a cautela dos predadores numa área e evitar que se habituem à presença humana. Para além disso, o dinheiro gerado pela emissão de licenças e autorizações de caça pode ser revertido para os esforços de conservação (Madden 2008). Por conseguinte, embora a recuperação da população seja provável, a menos que a caça seja utilizada continuamente, é possível eliminar animais problemáticos específicos. Woodroffe & Frank (2005) encontraram uma forte correlação positiva entre o número de leões mortos numa exploração agrícola e o número de animais mortos por leões. A sua análise mostrou uma forte seleção contra os animais que matam gado, uma vez que estes são o subconjunto visado pelos agricultores. Por conseguinte, esperava-se que este subconjunto da população diminuísse, mas que os leões sem historial de abate de gado se mantivessem estáveis ou aumentassem em número. Um fenómeno deste tipo só seria possível com um método de elevada especificidade. Nestes casos, a preparação, como a identificação correta, as melhores práticas de caça, etc., é fundamental para o sucesso. Do mesmo modo, a identificação dos animais problemáticos envolvidos no conflito é fundamental para uma atenuação positiva do conflito.

Estudos demonstraram que a seleção de pares reprodutores de coiotes pode reduzir significativamente a perda de borregos (Blejwas et al. 2002). A longo prazo, esta estratégia pode efetivamente eliminar populações inteiras de predadores se a mortalidade ocorrer antes da reprodução bem sucedida. No entanto, o impacto da seleção de pares reprodutores parece ser mais específico e de curto prazo do que isso. Os dados indicam que o aumento das necessidades energéticas dos casais reprodutores durante a criação das crias é uma força motriz do aumento da predação do gado durante esse período. Além disso, foi proposto que, uma vez que os pares reprodutores ocupam um território partilhado, pode ser necessário matar presas maiores, aumentando assim potencialmente a possibilidade de depredação do gado. Os animais solitários e não reprodutores não induzem este aumento da utilização dos recursos. Além disso, se apenas os pares depredadores conhecidos forem visados, outros pares reprodutores na área que não são assassinos de gado podem reduzir ainda mais a predação, excluindo os assassinos de gado dos seus territórios (Blejwas, Sacks, Jaeger & McCullough 2002). Assim, a população de predadores pode ser mantida, minimizando os conflitos. Blejwas *et al.* (2002) também avançaram a ideia de que a remoção de um dos casais reprodutores tinha um impacto na predação devido ao facto de a perda de um companheiro interromper o comportamento de abate de gado. O tempo médio, nas zonas em que os reprodutores têm acesso aos borregos, para que os abates recomecem foi aproximadamente o tempo que um sobrevivente demorou a encontrar um novo companheiro. Neste caso, o controlo seletivo produziu muito menos eventos de predação do que o controlo não seletivo, removendo quatro vezes menos animais para alcançar este resultado (referência). Em contrapartida, não foi encontrada qualquer relação entre o número de coiotes mortos quando se utilizou a caça não selectiva e o número de ovelhas mortas no ano seguinte, o que ilustra a ineficácia das abordagens letais não selectivas. As diferenças regionais no comportamento dos predadores devem determinar a forma como o controlo letal seletivo é implementado; por exemplo, o conhecimento dos períodos de pico de predação pode ajudar a planear os eventos de remoção. Por conseguinte, tal como demonstrado por Treves & Naughton-Treves (2005), a seleção de pares reprodutores ou a redução do tamanho das ninhadas de predadores durante as caçadas pode reduzir as situações de conflito sem os efeitos ecológicos em cascata da remoção de demasiados predadores de topo.

A oferta de oportunidades de caça desportiva numa propriedade pode constituir um meio de o agricultor compensar as perdas de gado devidas à predação. Isto pode ser particularmente útil se o agricultor tiver identificado previamente os animais problemáticos e se os caçadores só puderem caçar esses animais. Uma segunda vantagem é que os predadores são vistos como tendo um valor acrescido, o que pode ser útil para melhorar as atitudes em relação aos predadores e à sua conservação. No entanto, este método tem um potencial limitado, pois depende do facto de a espécie-alvo ser um troféu ou um alvo procurado pelos caçadores (Sillero-Zubiri & Switzer 2004). Por exemplo, é improvável que o chamamento (utilizando chamamentos de acasalamento ou outros ruídos para atrair o animal) e o abate de espécies como o caracal por caçadores profissionais ou recreativos sejam eficazes. Uma espécie semelhante noutras partes do mundo, o lince euro-asiático (*Lynx lynx*), não pôde ser controlada de forma prática por este método (Stahl et al. 2001, Bothma 2012).

Os culpados habituais podem ser difíceis de eliminar, uma vez que a sua experiência com os seres humanos os torna mais cautelosos e astutos. Um dos métodos mais eficazes para atingir estes predadores consiste em vigiar um abate efectuado e esperar que o culpado regresse, embora exista o risco de um animal não visado ser atraído para o abate, mas existe uma boa probabilidade de ser o culpado (Treves & Naughton-Treves 2005). Outros métodos, como a caça nocturna ao chacal-de-dorso-preto com luzes de spot, revelaram-se ineficazes (Bothma 2012).

Caçar predadores a partir do ar é uma possibilidade, mas só será eficaz para animais que ainda não aprenderam a desconfiar dos sons associados. Sabe-se que os chacais de dorso negro se tornam tímidos em relação aos helicópteros e até mudam para um estilo de vida noturno quando são perseguidos por este método. A utilização desta forma de caça deve, por conseguinte, ser limitada a períodos curtos (Bothma 2012).

A taxa de sucesso dos métodos aéreos dependerá do terreno, da densidade da população de predadores, da experiência dos predadores com este tipo de caça, da experiência de quem conduz a caça e do tipo de aeronave utilizada. Estudos efectuados nos EUA mostraram que este método de caça utilizado numa área três a seis meses antes da deslocação do gado pode ser uma ferramenta eficaz para reduzir significativamente as perdas de gado (Wagner & Conover 1999). No entanto, a relação custo/eficácia deste método caiu a pique nos últimos anos devido ao aumento dos custos operacionais dos helicópteros. O custo por abate deve ser calculado e comparado com outros métodos, caso a caso, antes de este método ser utilizado. É necessário efetuar mais investigação sobre a possibilidade de utilizar aeronaves não tripuladas como alternativas aos helicópteros (Bothma 2012).

Um problema associado à caça é o facto de os territórios que ficaram vagos devido aos programas de remoção serem susceptíveis de serem reocupados. As zonas protegidas e as zonas não sujeitas a controlo são susceptíveis de funcionar como reservatórios a partir dos quais pode ocorrer o repovoamento por predadores. No estudo de Woodroffe & Frank (2005), apesar de se terem registado níveis elevados de mortalidade localizada numa determinada exploração, os leões não evitaram a exploração e os animais abatidos foram rapidamente substituídos por imigrantes. Sabe-se que o chacal-de-dorso-preto se dispersa até 135 km dos seus locais de origem para áreas que ficaram vazias. Os jovens chacais em dispersão podem deslocar-se até 100 km dos seus locais de origem e os caracais até 65 km para fixarem residência nessas áreas. A recuperação da população de predadores é, por conseguinte, provável. A remoção de carnívoros de um ecossistema pode também criar um desequilíbrio ecológico que leva à redução da produtividade dos herbívoros selvagens e domésticos. Devido à alteração da dinâmica populacional dentro do sistema, factores como a condição do veld, a disponibilidade de pasto e o aumento da concorrência podem ter um impacto na produtividade (Bothma 2012).

Apesar dos problemas e das opiniões sociais negativas sobre a caça, a remoção selectiva tem demonstrado ter um impacto. A remoção de crias de coiotes depredadores reduziu as perdas de gado quase ao mesmo nível que a remoção dos adultos (Till & Knowlton 1983, citado por Swarner 2004). A caça aos culpados, como os indivíduos reprodutores e as suas crias, tem o potencial de reduzir as perdas de gado e de selecionar contra comportamentos de depredação nas gerações futuras, causando menos impactos ecológicos negativos. Por conseguinte, a caça não deve ser simplesmente ignorada devido a opiniões sociais. É necessário educar tanto o público como os agricultores sobre os benefícios de uma caça apropriada e adequada para obter uma maior aceitação e aumentar os procedimentos corretos de caça.

Controlo não letal

As evidências sugerem que os melhores resultados serão alcançados quando os métodos não letais são usados em combinação uns com os outros ou são alternados. Isto deve-se principalmente ao facto de muitos predadores serem altamente adaptáveis e a utilização de um único método é suscetível de ser ultrapassada num curto espaço de tempo (van Niekerk et al. 2013). Muitos programas de conservação e projectos de investigação estão orientados para a promoção do controlo não-letal de predadores. Projectos como o programa Anatolian Shepherd da Cheetah Outreach na África do Sul, o Living with Lions da Mountain Lion Foundation nos EUA e o Texas Cooperative Extension, que organiza workshops de sensibilização para os predadores, são apenas alguns exemplos dos múltiplos programas que se centram em métodos de controlo não letais (Marker-Kraus & Kraus 1997). No entanto, as formas de controlo não letais podem falhar, muitas vezes devido a uma aplicação incorrecta ou a dificuldades logísticas e não por falta de adequação. Por conseguinte, melhorar os conhecimentos sobre a sua aplicação é fundamental para aumentar o êxito destes métodos (Shivik et al. 2003). Um estudo realizado por Thorn et al. (2014) indicou que um elevado nível de agricultores inquiridos (80,5%) estava disposto a experimentar métodos não letais e mostrou um desejo de aprender mais sobre eles. No entanto, 31% acreditavam que o controlo letal era a forma mais rentável de lidar com a predação e muitos (62%) relataram perdas financeiras impostas pelos carnívoros.

O sucesso na resolução dos conflitos entre humanos e animais selvagens depende, em parte, da alteração das percepções e dos comportamentos humanos. No entanto, isto exigirá a compreensão de todos os actores envolvidos. Não se trata apenas de alterar a forma como os agricultores vêem os predadores, mas será necessário que os conservacionistas e outras partes interessadas compreendam também as necessidades dos agricultores. Fomentar a vontade de trabalhar em conjunto e aumentar o limiar do que é tolerável para ambas as partes contribuirá muito para criar soluções eficazes que permitam gerir os conflitos. Isto, por sua vez, permitirá que ambas as partes obtenham benefícios económicos (Sillero-Zubiri & Switzer 2004).

As práticas pecuárias eficientes que tornam a predação do gado menos rentável em termos energéticos para o predador a curto prazo são susceptíveis de reduzir a proporção de predadores que se tornam assassinos habituais de animais. Este facto poderia, subsequentemente, diminuir a necessidade de utilizar métodos letais (Woodroffe et al. 2004).

Colares

Existem vários tipos de coleiras com o objetivo de reduzir as perdas devidas à predação. As coleiras de cheiro e de campainha actuam através de estímulos invulgares. O ruído ou o cheiro humano podem confundir e dissuadir os predadores. Além disso, os agricultores e/ou pastores podem ser alertados para comportamentos invulgares, como correr, através de coleiras que produzem sons. No entanto, um problema com muitas formas não letais de controlo de predadores é a habituação. Um predador habitua-se rapidamente a um estímulo se for exposto a ele com regularidade. Por conseguinte, é importante que este tipo de coleiras seja utilizado apenas de forma intermitente. Este tipo de coleira é um bom instrumento de apoio a utilizar em conjunto com outros métodos, como os mencionados nas secções que se seguem. A gestão deve manipular a utilização destes colares de modo a coincidir com períodos associados a um aumento da predação, como a época de parição. Estes colares são rápidos e fáceis de colocar, baratos, facilmente disponíveis e podem ser adaptados às condições locais. No entanto, a sua utilização excessiva pode levar a que actuem como um atrativo, fornecendo aos predadores mais informações sobre a posição do bando, pelo que é vital que sejam utilizados apenas esporadicamente

(Hodkinson et al. 2007).

A tecnologia pode influenciar grandemente a gestão dos predadores. Estão disponíveis coleiras com um transmissor com capacidade de deteção de movimento. As coleiras "Veldwagter" (um termo africânder que significa guardião/observador do mato) funcionam como um sistema de alarme. Se um bando começar a correr, é enviada uma chamada de telemóvel ou SMS ao agricultor para indicar que os animais se estão a mover. Isto pode aumentar consideravelmente a vigilância e a eficiência da monitorização por parte do agricultor, sem que seja necessária a presença contínua de alguém junto do rebanho. Isto oferece oportunidades para responder a incidentes de predação como e quando eles estão a ocorrer. Partindo do princípio de que os agricultores podem localizar as presas durante um ataque ou a presença de um predador, isto garante que os culpados são visados e que os predadores inocentes não são culpados simplesmente devido à sua presença numa exploração agrícola. Este método tem igualmente a vantagem de não ser necessário colocar coleiras em todos os membros do efetivo, podendo, no entanto, os efectivos dispersos necessitar de várias coleiras. Além disso, as coleiras podem ser configuradas para estarem activas apenas durante períodos de alto risco num ciclo de 24 horas, a fim de preservar a vida útil da bateria (aproximadamente quatro semanas). A sua utilização está, no entanto, limitada a áreas em que exista uma boa receção de telemóveis e só será tão eficaz quanto a resposta do agricultor. Em comparação com as perdas de gado, o custo destes colares é relativamente acessível. No entanto, o sistema é significativamente mais caro do que outros tipos de coleiras (Landmark Foundation 2008, Hodkinson et al. 2007).

As coleiras King ou coleiras "dead stop" foram desenvolvidas por agricultores no Cabo Oriental e funcionam criando uma barreira física à predação. As coleiras King são feitas de PVC e são colocadas em todo o rebanho, tornando difícil para os predadores, particularmente os chacais, matarem com uma mordidela na garganta (King 2004). Estas coleiras são lisas e não irritam o borrego depois de colocadas. As coleiras são ajustáveis, o que permite que se adaptem à medida que o borrego cresce, mas pode ser necessário mudar para uma coleira maior se o borrego a ultrapassar. O pastoreio e a amamentação não sofrem interferências, uma vez que as coleiras não impedem o movimento livre da cabeça (King 2004). Os fabricantes do King Collar relatam que os utilizadores fornecem uma taxa de sucesso na redução de perdas de gado de quase 100% de proteção contra o chacal e 65% de proteção contra o caracal.

Figura 1: Coleira King em ovelha, mostrando a proteção da parte lateral da bochecha e da garganta (reimpresso com permissão de Carnivore Damage Prevention News, Angst [Ed] et al. 2004).

A coleira "dead stop" é uma coleira de malha de arame robusta utilizada quando os caracais são o principal problema de predação. A estrutura da mandíbula e do crânio dos caracais cria a possibilidade de estes conseguirem morder através dos King Collars (Hodkinson et al. 2007). Estas coleiras são utilizadas como forma de condicionar os animais detentores de território a não atacarem as ovelhas. O condicionamento ocorre quando os predadores aprendem que os animais com coleira não são alvos fáceis. Uma vez que a maioria dos predadores são territoriais, isto significa que a presença de um indivíduo que não mata gado irá provavelmente excluir efetivamente outros predadores da área. Tal como os colares King, estes colares são económicos, ajustáveis (à medida que os animais crescem, é necessário proceder a ajustamentos), fáceis de colocar e retirar (menos de um minuto por animal), são reutilizáveis, estão prontamente disponíveis e foram desenvolvidos para as condições locais.

Coleiras como estas são específicas e apenas os animais culpados serão influenciados (King, 2004). Em condições mais húmidas, podem causar problemas de pele devido à acumulação de humidade sob a coleira, pelo que devem ser monitorizadas. Estas coleiras podem, no entanto, ser penetradas por predadores maiores, como leopardos e chitas. Também foi sugerido que estes tipos de coleiras podem alterar o comportamento dos predadores (como por exemplo, causar ataques a outras partes do gado que não a garganta, como matar por trás) mas isto requer mais investigação para determinar até que ponto isto pode ocorrer (Landmark foundation 2008, Hodkinson et al. 2007).

As coleiras de proteção dos animais têm várias vantagens: são selectivas, na medida em que os animais não problemáticos não são visados, espera-se que a utilização de coleiras não aumente os impactos ambientais negativos e a habituação não constitui geralmente um problema (com exceção dos predadores maiores ou das estratégias de abate alteradas). Estudos sobre a predação de ovelhas por coiotes mostraram que o ajuste da coleira pode ser importante para a sua eficácia, pelo que os agricultores e todos os trabalhadores envolvidos na colocação de coleiras nos animais deveriam receber formação adequada (Burns et al. 1996, King 2004).

Pastores

Os predadores desconfiam normalmente da presença humana, pelo que a simples presença de um pastor pode dissuadir um predador desconfiado de atacar. Um pastor com boa vigilância pode, portanto, ser extremamente eficaz. Além disso, um pastor não só é capaz de interromper os ataques ou os eventos de predação no momento em que estes estão a ocorrer, como também pode recolher informações, tais como a identificação das caraterísticas dos animais problemáticos ou o momento dos ataques, que podem ser utilizadas para melhorar a atenuação de futuros conflitos. No entanto, um guarda humano pode ser impraticável devido aos custos, especialmente se houver vários rebanhos e acampamentos que necessitem de proteção (Shivik 2004). Além disso, em áreas comunais na Namíbia, as práticas de pastoreio tornaram-se menos comuns devido ao facto de as crianças (que poderiam ser um dissuasor para predadores mais pequenos e alertar os mais velhos se houvesse uma ameaça maior), que anteriormente teriam sido usadas como pastores, serem agora enviadas para a escola (Potgieter 2011).

Além disso, o roubo de gado é outro fator que pode ser influenciado pela presença de um pastor. No Cabo Oriental, o roubo de gado representou perdas de 600 milhões de rands por ano. Se o roubo for visto como uma forma de predação, isto deve ser tido em conta quando se analisam os benefícios associados a diferentes medidas de mitigação de predadores. Métodos como a utilização de um pastor também podem dissuadir os ladrões e, assim, ter um impacto positivo na redução das perdas de gado através deste canal (Meissner et al. 2013).

Vedações e currais

As vedações e os kraals criam uma barreira física entre os recursos humanos, como o gado, e as potenciais ameaças, incluindo os predadores. A vedação tende a ser uma das opções de gestão de predadores mais dispendiosas e de trabalho intensivo, mas oferece uma solução a longo prazo. As poupanças a longo prazo devido à redução das perdas podem compensar o investimento financeiro inicial, embora a manutenção das vedações seja um fator altamente significativo na determinação da sua eficácia e possa contribuir para os custos contínuos associados a este método. A manutenção incorrecta das vedações pode permitir o acesso dos predadores aos animais e agravar o problema ao impedir que os animais escapem ao ataque. Devido aos instintos dos predadores, podem ser feridos ou mortos mais animais do que o necessário pelo predador, simplesmente em virtude da disponibilidade de presas fáceis numa área (Hayward et al. 2007, Bothma 2012).

O comportamento dos predadores na zona deve ser tido em conta aquando da conceção de uma solução de vedação. Sabe-se que os predadores adaptam o seu comportamento para utilizar as vedações com o objetivo de aumentar o sucesso da caça (Hayward et al. 2007). Acções como a escavação por parte dos predadores' significam que muitas vezes as vedações de malha requerem uma base segura e enterrada ou uma malha de base que seja fixada a 90 graus. A saliência ou a eletrificação devem ser consideradas se a escalada das vedações pelos predadores for uma preocupação (Hodkinson et al. 2007).

Os problemas associados às vedações incluem o custo (particularmente para bandos de baixa densidade em áreas maiores), mão de obra contínua para manutenção; os animais dentro da área vedada requerem remoção ou controlo. As vedações podem também ter efeitos ambientais negativos não intencionais, com implicações para a sobrevivência de espécies não visadas devido à separação de parceiros de reprodução, alimentos, água ou abrigo. Os problemas ecológicos decorrentes da vedação incluem o isolamento de populações de animais selvagens, impedindo o movimento durante secas ou incêndios florestais e prejudicando espécies não intencionais, como cobras e pangolins, que podem ser apanhados e mortos em fios eléctricos (Treves & Karanth 2003). Estes problemas são contornados quando as vedações são utilizadas para campos mais pequenos, nos quais o gado é mantido apenas durante períodos particularmente vulneráveis (Shelton 2004, De Wet 2007).

A seleção do tipo de vedação e do material de construção é largamente influenciada pelo tipo de predador, tipo de gado, terreno, solo, humidade, métodos de controlo existentes e custo (Pratt 1992). Os coiotes são comparáveis aos chacais em muitos dos seus comportamentos predatórios e os estudos relativos ao seu controlo podem frequentemente fornecer informações úteis para o controlo dos chacais. Acorn & Dorrance (1994) verificaram que as vedações eléctricas eram capazes de reduzir a predação de gado pelos coiotes. Os factores que influenciaram a sua eficácia incluíram a manutenção de uma tensão adequada (reduzida pela erva, ramos e solo sobre os fios carregados), a qualidade dos isoladores, a frequência das inspecções e as chuvas fortes. Os problemas identificados nas vedações eléctricas incluem fios ou postes demasiado afastados, o fio carregado inferior demasiado alto acima do nível do solo e a altura das vedações ou portões demasiado baixa, dando aos predadores a oportunidade de escavar por baixo das vedações ou de saltar entre espaços. Outros problemas encontrados foram linhas de vedação irregulares, controlo inadequado da vegetação, falta de isoladores nos fios electrificados, ineficiências do sistema de ligação à terra, ligações inadequadas dos fios e cantos que cederam (Acorn e Dorrance, 1994).

Um estudo realizado na Noruega (Wam et al. 2004) concluiu que as vedações que foram melhoradas com a adição de fios eléctricos aumentaram significativamente a proteção das ovelhas contra a predação por lobos. Nesse estudo, os ataques foram muito mais frequentes nas pastagens em que as vedações tinham uma altura mais baixa, distâncias máximas maiores entre os fios da vedação, distâncias ligeiramente maiores entre o fio inferior e o solo, mais pontos fracos ao longo da vedação e menos fios eléctricos. Foi salientado que espécies altamente adaptáveis como o lobo (e, na África do Sul, o chacal) podem aprender a explorar os pontos fracos destas vedações. Por conseguinte, devem ser respeitadas as diretrizes ou normas específicas para cada espécie ou região relativas às vedações à prova de predadores, a fim de evitar a perda dos benefícios que estas vedações proporcionam. Uma vedação mal construída ou mantida não só aumenta o risco para o agricultor individual, mas também reduz o efeito protetor da vedação noutras explorações agrícolas, uma vez que os predadores desenvolvem métodos para contornar as vedações.

Alternativamente, uma forma de reduzir os custos é construir vedações ou barreiras utilizando métodos e materiais tradicionais. Por exemplo, os ramos de Acacia podem ser efetivamente utilizados para construir barreiras (Jackson & Wangehuk 2001, Ogada et al. 2003, Sillero-Zubiri & Switzer 2004). Kruuk (2002) mostrou que um boma de arbustos espinhosos era capaz de fazer uma diferença substancial para os agricultores de subsistência no Quénia, com 90% dos eventos de predação a ocorrerem fora destes recintos. Na África do Sul, existe uma utilização generalizada de bomas ou kraals tradicionais. Estes recintos são muitas vezes construídos com densas moitas de Acacia. Estes recintos também podem ser construídos utilizando vedações electrificadas ou à prova de predadores, embora isto aumente os custos, mas pode significar que são necessárias menos vedações eléctricas do que quando são utilizadas sem barreiras espinhosas naturais.

Os recintos noturnos e sazonais podem ser eficazes para minimizar as perdas de animais devido à predação. A parição em galpão ou kraal pode proteger os membros do rebanho quando eles estão mais vulneráveis. Este método é adequado para pequenas e médias empresas com rebanhos que podem ser agrupados e conduzidos de forma apertada. Muitas vezes, são necessárias apenas pequenas mudanças para proteger os cordeiros durante a estação de parição. No entanto, o aumento da densidade em espaços mais pequenos pode levar a um aumento dos níveis de stress e da transmissão de doenças. Isto pode também aumentar os custos de mão de obra (Shivik 2004).

Aversão ao sabor

A aversão gustativa condicionada pode ser uma técnica de treino poderosa. A aversão gustativa condicionada implica a administração de uma dose não letal de veneno (frequentemente um emético) a um predador através do consumo de um tipo específico de alimento, como a carcaça do tipo de gado que necessita de proteção. Trata-se de um tipo de repelente secundário e depende do facto de o animal aprender a associar os sintomas de envenenamento ao tipo de alimento consumido para se tornar eficaz (Shivik et al. 2003). O veneno fará com que o animal fique doente, induzindo vómitos, náuseas e desconforto geral, mas não causará danos a longo prazo ao animal. O objetivo é criar uma aversão intensa à fonte de alimento com base em associações gustativas e olfactivas.

Este método não é muito utilizado devido a condicionalismos logísticos e biológicos, como a dificuldade de controlar a especificidade da aversão a uma determinada presa. Um animal necessita normalmente de mais do que uma exposição e, à medida que novos animais entram na população, o tratamento teria de ser repetido. Devido à má conceção histórica da investigação, a eficácia deste método também não é bem compreendida (Sillero-Zubiri & Switzer 2004). Pode ser muito eficaz para alterar os comportamentos alimentares, mas a aversão ao isco contaminado não se traduz necessariamente em aversão a matar presas vivas (Shivik 2004).

A aversão direta generalizada a substâncias de sabor desagradável, como o BitrexTM, pode ser mais eficaz do que a aversão ao sabor condicionada. Isto deve-se ao facto de a experiência ser imediata; por conseguinte, não há incerteza quanto à presa que está associada à experiência negativa. Isto pode traduzir-se em proteção para as presas não tratadas. Foi demonstrado que este método é eficaz em raposas vermelhas em cativeiro, que foram condicionadas a evitar o leite não tratado depois de terem bebido leite tratado (Macdonald & Baker 2004, citado em Sillero-Zubiri & Switzer 2004).

Reprodução

Uma maternidade deficiente (por exemplo, baixa vigilância, proteção reduzida, falta de proximidade com as crias) pode aumentar o risco de perda de animais jovens. Por conseguinte, os agricultores devem estar atentos ao comportamento maternal das fêmeas e identificar aquelas que perdem constantemente as suas crias. A remoção ou esterilização dessas fêmeas pode ajudar a eliminar essas caraterísticas de má maternidade da manada ou do rebanho.

Os bandos podem ser criados seletivamente para terem maior resistência à predação através de caraterísticas comportamentais. O comportamento natural de defesa contra predadores pode ser identificado e selecionado. Os mecanismos de defesa natural que se perderam historicamente nalguns animais domésticos podem ser desenvolvidos de novo ao longo do tempo (Bothma 2012).

Os borregos criados à mão não aprendem a ter medo ou a fugir das mães e, como tal, é mais provável que corram o risco de serem atacados por predadores (Hodkinson et al. 2007). Estes indivíduos necessitam, portanto, de proteção adicional ou de acolhimento por uma mãe protetora.

Parição sincronizada e cercados

Muitas presas selvagens em sistemas naturais reproduzem-se sazonalmente e em sincronia, em função da precipitação e da disponibilidade de alimentos. Do ponto de vista da presa, a gravidez e a criação das crias aumentam as necessidades energéticas dos progenitores (Swarner 2004). A reprodução apenas durante períodos de elevada disponibilidade de alimentos (plantas) é, portanto, uma estratégia utilizada por muitas espécies selvagens. No entanto, isto cria períodos de tempo em que nascem muito poucos, ou nenhuns, neonatos e a maioria dos efectivos são adultos. Do ponto de vista dos predadores, a pressão nutricional aumenta durante os períodos de baixa disponibilidade de alimentos, e os indivíduos mais fracos têm menos probabilidades de sobreviver nessa altura. Por conseguinte, os períodos de não reprodução nas populações de presas equivalem a períodos de menor disponibilidade de alimentos e potencialmente de aumento da mortalidade dos predadores. Nas práticas agrícolas em que a reprodução ocorre durante todo o ano, os predadores são mais capazes de superar esta mudança sazonal na disponibilidade de presas.

Por conseguinte, ao sincronizar a reprodução e a parição dos animais, o agricultor pode diminuir o período de vulnerabilidade. Além disso, a classe etária de maior risco deve ser gerida na zona de maior segurança da exploração (Hodkinson et al. 2007). No sul do Kalahari, os caracais mataram ovelhas principalmente durante as estações frias ou de parição ou quando a sua base de presas naturais foi reduzida (Bothma 2012). Se o gado for criado mais cedo na estação, na altura em que os predadores estiverem a tentar sustentar as suas próprias crias, estas serão maiores, tornando-as menos vulneráveis à predação (Shivik 2004). Em alternativa, a parição pode ser programada de modo a que ocorra quando houver um maior número de crias de presas selvagens e de presas naturais. Os benefícios desta abordagem serão ampliados se a parição também for sincronizada com as explorações circundantes. Concentrações elevadas de gado a parir numa única área durante um curto período de tempo podem levar a uma redução da predação, uma vez que existe segurança nos números.

Os animais inexperientes que dão à luz pela primeira vez podem ser colocados com animais mais velhos e mais experientes, ou ser colocados em campos de parto observados de perto, oferecendo-lhes assim maior proteção (Marker 2003). Contudo, a alteração da época de reprodução pode ter um impacto nas condições do veld, o que pode ser mais significativo do ponto de vista económico. Assim, esta abordagem pode ser irrealista nalgumas áreas, por exemplo, se for necessária alimentação suplementar, uma vez que o veld ainda não está em condições óptimas e, portanto, não pode suportar um maior número de animais, levando ao sobrepastoreio. Outros factores a considerar são os custos veterinários, pode ser necessário usar inseminação artificial, e os limites biológicos associados à alteração das épocas de parição (Shivik 2004).

Composição do efetivo

O grau de conflito com os predadores pode ser influenciado pela composição do efetivo em termos de espécie, raça, idade e proporção entre os sexos. As ovelhas tendem a ser mais vulneráveis aos predadores do que os bovinos, devido ao seu tamanho e à diminuição do comportamento de presa. A utilização de uma exploração pecuária de espécies mistas pode permitir uma melhor utilização da paisagem, e o gado pode proteger os animais mais pequenos, uma vez que é mais provável que aja de forma agressiva contra pequenos predadores que poderiam ter como alvo as ovelhas ou cabras (Shivik 2004). Além disso, na Namíbia foi demonstrado que certas raças de gado são mais agressivas do que outras, e que essas raças sofrem menos perdas resultantes de predação (Marker 2003). No entanto, os requisitos de mudança para um sistema de uso misto podem significar que isto não é possível para muitos produtores. Além disso, será necessário fazer esforços para criar laços entre as várias espécies de gado, uma vez que o gado bovino e ovino não se reúnem naturalmente (Shivik 2004). Um rebanho com, pelo menos, alguns membros mais velhos pode ter aprendido a ter cuidado com os predadores; eles podem ser capazes de transmitir os comportamentos de proteção aprendidos aos jovens. A proporção entre os sexos pode ser importante se um sexo for mais agressivo do que o outro.

Saneamento

A remoção de carcaças e a interrupção da utilização de estaleiros de ossos podem diminuir a atratividade geral de uma zona para os predadores e

A remoção de cadáveres de animais é uma prática que limita ainda mais estes objectos como fonte de alimento, o que poderia atrair predadores para a proximidade do gado. O grau de eficácia da melhoria do saneamento é largamente desconhecido, mas geralmente as práticas de remoção de carcaças são vistas como uma abordagem positiva. No entanto, em grandes operações, a remoção de carcaças pode ser impraticável em termos de mão de obra e outros custos (Shivik 2004).

Recursos alimentares naturais

A disponibilidade de presas selvagens tem a capacidade de afetar o potencial de conflito com o gado (Inskip & Zimmermann 2009). De acordo com Shivik et al. (2003), a eficácia dos estímulos perturbadores pode ser influenciada pela disponibilidade de recursos alimentares alternativos, sendo mais eficazes se existirem presas naturais suficientes para satisfazer as necessidades dos predadores. Se os predadores não dispuserem de recursos alimentares adequados e não protegidos, a probabilidade de depredação do gado aumenta. No entanto, a eficácia de quaisquer técnicas não letais destinadas a evitar a depredação de gado será limitada devido às pressões nutricionais enfrentadas pelo predador e à falta de alternativas adequadas. A disponibilidade de recursos alimentares adequados e não protegidos tem uma influência importante na taxa de predação dos recursos alimentares protegidos em qualquer sistema biológico. Assim, garantir a disponibilidade de presas naturais

suficientes nas zonas agrícolas pode potencialmente reduzir os níveis de predação sobre o gado ou, pelo menos, melhorar as hipóteses de um método de controlo não letal se tornar eficaz. Por conseguinte, esta abordagem integra a informação relativa à dinâmica predador-presa nas acções de gestão, a fim de reduzir os conflitos.
Um estudo sobre a relação entre a depredação de cães selvagens e os recursos de presas nativas determinou que a depredação de gado por cães selvagens só foi observada em áreas onde as presas selvagens tinham sido drasticamente reduzidas (Woodroffe 2003). Nalgumas situações, a colocação de carcaças ou o fornecimento de fontes de alimento alternativas pode reduzir a pressão sobre os predadores para obterem alimento, encorajando-os assim a deixarem o gado sem serem molestados. No entanto, como já foi referido, este método pode ser problemático, uma vez que a sua utilização a longo prazo pode atrair predadores para uma área, aumentando assim o conflito e o risco de as presas vivas na mesma área (por exemplo, o gado) se tornarem preferíveis (Shivik 2004).
Um ecossistema funcional que seja produtivo e que forneça uma base suficiente de presas selvagens pode constituir uma proteção para os pequenos animais contra a depredação. Isto pode ser parcialmente alcançado através da implementação de práticas de conservação das populações de presas selvagens, mantendo taxas de stock adequadas e não excedendo a capacidade de carga da área, a fim de promover a sobrevivência e a retenção de uma fonte de alimento natural para os predadores (Hodkinson et al. 2007).
Os carnívoros utilizam normalmente o recurso de presa mais abundante, mas mudam de recurso se este se tornar escasso. O chacal de dorso negro e outros predadores tendem a utilizar o primeiro recurso alimentar disponível quando procuram alimentos e caçam de forma oportunista (referência). Além disso, uma população abundante de presas naturais reduz consideravelmente a probabilidade de o gado ser encontrado em primeiro lugar. Woodroffe & Frank (2005) verificaram que a predação de gado por leões aumentou após uma seca prolongada. Suspeitou-se que tal se devia ao facto de a sua base natural de presas ter sido reduzida durante esse período. Em contrapartida, durante a própria seca, as presas selvagens eram abundantes devido à presença de um grande número de carcaças e de animais selvagens subnutridos. Esta abundância de presas a curto prazo inverteu-se nos anos seguintes, obrigando os leões a procurar recursos alimentares alternativos até as populações de presas naturais terem recuperado. Do mesmo modo, um estudo realizado no sudoeste do Kalahari revelou que os caracais do Parque Transfronteiriço de Kgalagadi não atacavam as pequenas populações de gado adjacentes durante a estação quente, em que as suas presas naturais estavam presentes em número suficiente para satisfazer as suas necessidades (Hemson & Macdonald 2002). O gado só se tornou alvo durante a estação fria, quando os números de presas naturais estavam deprimidos e durante a época de

parição. Também foi demonstrado que os eventos de predação aumentam se as presas naturais migrarem para fora de uma área (Hemson & Macdonald 2002). Os agricultores podem, portanto, querer considerar a possibilidade de suplementar as populações de presas naturais, introduzindo indivíduos no sistema durante os períodos em que se espera que o seu número diminua. Permitir que os predadores se concentrem nas fontes de presas naturais pode também melhorar indiretamente a produtividade agrícola através da redução da competição por forragem (Bothma 2012). Por estas razões, os agricultores devem desencorajar ou controlar cuidadosamente a caça de espécies de presas naturais (Snow 2008).

Zoneamento

O objetivo do zonamento é criar uma separação entre o gado e os predadores. Isto pode significar que certas áreas são designadas como habitats críticos para certas espécies, sendo as actividades agrícolas completamente impedidas. Em alternativa, pode significar designar áreas dentro de zonas agrícolas como estando disponíveis para uma espécie de predador, permitindo que a agricultura ocorra com bolsas mais pequenas designadas como habitat para certas espécies. No Minnesota, uma alcateia de lobos viveu e procriou durante dois anos sem que ocorressem actos de predação de gado em áreas agrícolas adjacentes, quando as zonas eram cuidadosamente controladas (Mech 1995). Este facto sugere que a gestão por zonas pode permitir a coabitação com a disponibilidade de recursos alimentares naturais, evitando conflitos (Mech 1995). Isto também reduz a fragmentação do habitat, cria corredores de vida selvagem e facilita a recuperação de populações de presas naturais. A escala de zonagem é importante; as espécies podem ser potencialmente zonadas de províncias inteiras e restringidas a áreas de conservação. Em alternativa, as espécies podem ser autorizadas a permanecer nas suas áreas naturais, desde que haja presas naturais suficientes. O zonamento em grande escala, tal como esta última opção implicaria, pode tornar a gestão mais fácil e mais eficiente. No entanto, pode ser problemático para os agricultores que vivem nessas zonas e alimentar a animosidade contra a espécie. Uma outra desvantagem seria o facto de as zonas que poderiam realisticamente ser utilizadas pelos predadores poderem tornar-se zonas em que estes não são autorizados a existir. Por conseguinte, é necessário efetuar uma investigação considerável antes da designação das zonas.

O zonamento em pequena escala é muito mais complexo e, por conseguinte, mais difícil de instituir, nomeadamente no que respeita à aplicação da lei. Uma outra dificuldade é a manutenção de áreas de dimensão suficiente para suportar populações viáveis de predadores e presas e não conduzir a depressões ou extinções por consanguinidade. No entanto, tem o potencial de permitir que as espécies ocorram numa área geográfica maior sem necessitarem de tanta terra, uma vez que nenhuma grande extensão de terra está completamente fora dos limites das espécies (Mech

1995). Devido à natureza generalizada das actividades agrícolas humanas, isto pode exigir a relocalização de pessoas e gado. Estes programas de realojamento terão de ser transparentes, incentivados e justos para serem aprovados e, em última análise, eficazes. Atingir estes critérios pode ser extremamente complicado e difícil de implementar (Goodrich 2005).

Se as práticas agrícolas tiverem lugar em áreas que suportam os últimos habitats remanescentes de uma espécie de predador altamente ameaçada, a aplicação de esquemas de zonamento pode ser mais do que necessária. É o caso do puma da Florida (*Felis concolor coryi*). Estima-se que o número de pumas selvagens da Florida se situe entre 30 e 50. A perda permanente do número de pumas deve-se à perda de habitat devido à expansão da urbanização e à ocupação de terrenos para a agricultura. Para tentar salvar esta espécie altamente ameaçada, os esforços de várias agências governamentais resultaram num aumento do número de terras reservadas ao património público para a conservação da pantera (Collier County FL 2016). É necessária muito mais investigação antes de esta medida ser considerada e utilizada como método de controlo. O zoneamento tem o potencial de apenas relocalizar os conflitos, em vez de os resolver, se for instituído sem que antes sejam efectuadas investigações exaustivas (Treves & Karanth 2003).

Regimes de compensação/partilha de custos

Estes tipos de programas procuram normalmente melhorar a aceitação e reduzir as acções de retaliação, diminuindo a animosidade em relação aos predadores (Mech 1995). No entanto, o custo de aceitar a presença de predadores selvagens tende a não ser distribuído uniformemente entre as partes interessadas afectadas. Pode, portanto, defender-se a necessidade de a sociedade no seu conjunto suportar o ónus com aqueles que são mais afectados. Este objetivo pode ser alcançado através de financiamento público. A compensação direta por perdas comprovadas devidas à predação tem sido utilizada de forma relativamente generalizada e tem servido para reduzir a oposição à conservação dos predadores. No entanto, esta estratégia tem enfrentado uma série de limitações, tais como dificuldades de administração e corrupção devido a falsos pedidos de indemnização, pelo que devem ser procuradas melhores alternativas (Sillero-Zubiri & Switzer 2004).

Se for introduzido um regime de indemnização, os critérios de indemnização devem ser estipulados com muito cuidado, a fim de evitar abusos no sistema de pedidos de indemnização. Para que um regime de indemnização seja bem sucedido, é necessário que a verificação dos danos seja rápida e exacta (o que geralmente exige pessoal experiente e formado), que o financiamento seja suficiente e sustentável, que o pagamento seja feito atempadamente e que haja meios para medir o sucesso. Outra opção é criar um sistema de prémios em que os agricultores podem receber um certo número de prémios por predador por ano, que podem depois ser usados para

compensar as suas perdas (Sillero-Zubiri & Switzer 2004).
Estes regimes podem ajudar os agricultores a reduzir as implicações financeiras da predação do gado, mas ajudam a atenuar o problema. Outros problemas incluem a corrupção, como falsos pedidos de indemnização, a burocracia dispendiosa necessária para as acções administrativas e, além disso, estes regimes podem incitar a um estado de conflito constante. Pagar aos proprietários um montante fixo para tolerar a presença de predadores pode funcionar melhor do que um esquema que paga por morte, pois recompensaria aqueles que têm boas práticas de criação e encorajaria aqueles que não as têm a melhorar (Sillero-Zubiri & Switzer 2004), desde que corretamente aplicado.
Um regime de indemnização de base comunitária tem a vantagem de motivar a comunidade a manter um sistema de indemnização transparente, em que a legitimidade dos pedidos de indemnização é de importância primordial. Os produtores que sofram baixos níveis de perdas podem ser recompensados com um benefício semelhante a um bónus de "não reclamação". As existências valiosas poderiam ser objeto de um seguro contra perdas. Os prémios basear-se-iam nas estratégias de gestão e no risco potencial. Outras iniciativas, como o Proactive Carnivore Conservation Fund nos EUA, procuram reduzir os conflitos através da partilha de custos com as acções dos agricultores destinadas a evitar a depredação, por exemplo, a construção de vedações. O governo poderia oferecer incentivos fiscais aos proprietários de terras ou permitir-lhes rotular os seus produtos como sendo "amigos dos predadores" e, como tal, cobrar um prémio por eles. Simintiras et al. (1994) determinaram que 42% dos consumidores britânicos
Os consumidores escolheram produtos com base no seu desempenho ambiental e que "27% dos adultos britânicos estavam dispostos a pagar até 25% mais por produtos 'amigos do ambiente'". Estes métodos encorajam melhores práticas agrícolas, reduzindo assim os eventos de conflito e criando a aceitação da presença de predadores e de um certo nível de perda (Sillero-Zubiri & Switzer 2004).

Estímulos assustadores/Assédio perturbador

Estes métodos baseiam-se na utilização de estímulos que são fora do comum no ambiente habitual do predador. Os estímulos aversivos devem desencadear sensações gustativas, olfactivas, visuais ou tácteis negativas (Treves & Karanth 2003). Estes tendem a ser tipos de repelentes primários que interrompem imediatamente as acções do predador. O condicionamento não tende a ocorrer com repelentes primários e os predadores continuarão a utilizar áreas em que os estímulos perturbadores não são aplicados (Shivik et al. 2003). A habituação é o maior problema associado a muitos destes métodos. A habituação refere-se à ideia de que os predadores se habituam a um estímulo específico. Este deixa de ser novo e os predadores ficam dessensibilizados, deixando de se assustar. Os predadores habituam-se a estímulos

passivos perturbadores, mas a colocação aleatória e a frequência de utilização podem retardar o processo de habituação. Em geral, estes métodos são baratos e simples de utilizar e podem ser eficazes em compartimentos mais pequenos. Não oferecem uma proteção a longo prazo, mas podem ser eficazes em momentos específicos em que é necessária uma atenuação adicional (Shivik 2006).
O ruído pode ser utilizado para assustar ou espantar os predadores. O som é suposto repelir os predadores através de uma série de mecanismos, incluindo a dor, o medo, o bloqueio das comunicações e a desorientação (Sillero-Zubiri & Switzer 2004). Os estímulos sonoros podem ser criados utilizando rádios, dispositivos ultra-sónicos e alarmes. As alternativas incluem canhões explosivos, que são dispositivos alimentados a propano que disparam intermitentemente, produzindo um forte estrondo. Tal como acontece com outros estímulos perturbadores, os estudos indicam que estes podem ser eficazes durante um período de cerca de um mês. Se forem utilizados dispositivos geradores de ruído, é aconselhável informar os vizinhos e as autoridades policiais locais para evitar confusões. Mudar o som e deslocar os dispositivos pode aumentar a longevidade da eficácia (Shivik 2004).
Foi também demonstrado que as luzes intermitentes ou os protectores electrónicos reduzem as perdas de ovinos até 60%. Os protectores electrónicos combinam estímulos de luz e ruído e são activados aleatoriamente. Esta combinação pode aumentar a eficácia durante um período máximo de três meses (Linhart et al. 1992).
Projécteis não letais, como balas de borracha, podem ser utilizados por guardas humanos para evitar eventos de predação específicos. As vantagens deste método incluem a seletividade dos predadores que representam uma ameaça imediata. No entanto, a sua aplicação é limitada, uma vez que requer uma mão de obra significativa e pode, portanto, ser bastante dispendiosa (Shivik 2004).
A ativação contingente ao comportamento (a utilização é coordenada com o comportamento de predação, por exemplo, escolhendo estímulos que afectem o sentido mais utilizado por essa espécie) e a aleatorização dos estímulos podem atrasar a habituação e aumentar a eficácia e a duração da eficácia destes métodos (Shivik 2006). Em muitos casos, devem ser utilizados vários tipos de estímulos e estes devem ser concebidos e instalados tendo em conta uma espécie específica de predador (Treves & Karanth 2003).

Fladry

O fladry é um instrumento não letal utilizado há séculos. O Fladry consiste em bandeiras ou pedaços de material amarrados para que os animais se abstenham de atravessar a zona. Funciona como uma barreira visual que os predadores evitam atravessar. Estudos demonstraram que a utilização de fladry pode reduzir significativamente o risco de predação de ovelhas por lobos, mas não é eficaz contra espécies de predadores que são naturalmente menos cautelosos (Shivik 2006). Um estudo realizado entre 2004 e 2005 mostrou que o fladry oferecia às explorações 90 dias de proteção contra os lobos (Gehring et al. 2006). Verificou-se que o tempo de habituação dependia da frequência das visitas que os predadores faziam a uma exploração (Gehring et al. 2006).

O fladry pode ser combinado com outros estímulos aversivos, por exemplo, emparelhando-o com fios electrificados. Isto pode promover uma aversão à barreira e causar o afastamento do fladry. Isto oferece uma barreira simples mas eficiente para um certo número de predadores (Shivik 2006). O potencial deste método para uso em predadores sul-africanos ainda precisa de ser explorado.

Repelentes químicos

A marcação olfactiva é um método invulgar de controlo dos predadores. Os predadores são desencorajados através da marcação territorial, utilizando odores de outros predadores. Estes podem ser aplicados com um aplicador de spray em postes de vedação e portões durante a época de parição (Hodkinson et al. 2007). Pode ser utilizado em áreas de vários tamanhos, mas a manutenção das estações de cheiro é importante para a eficácia. O sucesso também pode ser aumentado se os odores forem combinados com outras pistas que indiquem a presença de outro predador, como gravações de uivos. Os odores também podem ser utilizados como iscos para a captura selectiva (Shivik 2004).

Os repelentes químicos podem ser menos dispendiosos e mais fáceis de aplicar do que outros métodos. Por exemplo, a urina sintética utilizada para simular a marcação territorial pode perturbar ou incutir medo no rebanho doméstico ou na manada. No entanto, a utilização de produtos químicos para o controlo de predadores tem sido associada a uma série de problemas. Por exemplo, os produtos químicos não são selectivos e geralmente afectam mais do que a espécie visada. A fisiologia sensorial dos mamíferos é semelhante em todas as espécies e, como tal, ainda não foi identificado um produto químico que afecte apenas os predadores, sem causar stress ao gado (Shivik 2004).

Translocações

Este método envolve a remoção física de um predador de uma área, a fim de evitar que os predadores e o gado ocupem o mesmo espaço. Normalmente, os predadores são transferidos para sítios alternativos, como zonas de conservação. Se for empreendida, deverá ser efectuada uma monitorização extensiva dos animais translocados, a fim de identificar os factores que influenciam o êxito ou o fracasso das tentativas de relocalização. Os animais translocados deveriam ser marcados ou marcados com coleiras antes de serem libertados. Nos novos sítios, a libertação pode ser feita de forma branda ou dura. Uma libertação dura ocorre quando o animal é imediatamente libertado no seu novo ambiente sem ser mantido numa área segura dentro desse ambiente, pelo que não é previsto um período de adaptação. Uma abordagem de soltura suave tem demonstrado aumentar o sucesso da translocação (Gussett et al. 2008), uma vez que permite que o predador seja exposto a cercas eléctricas, se habitue a veículos de observação de caça e outros conspecíficos dentro de um novo grupo social (sedativos de longa duração podem reduzir a agressão e aumentar a velocidade de ligação nestas situações) e dá tempo para reduzir ou relaxar os laços territoriais para que haja menos chance de os animais tentarem voltar a territórios anteriores (referências). Estes bomas de detenção deveriam ser construídos de modo a que os animais em liberdade não possam molestar os que estão à espera de ser libertados. Do mesmo modo, o tempo passado na boma não deveria levar os predadores a associar os seres humanos aos alimentos, pelo que a alimentação deveria ser efectuada à distância ou a partir de uma posição escondida, por exemplo utilizando um sistema de roldanas. Os animais mais jovens tendem a habituar-se mais rapidamente do que os animais mais velhos; por conseguinte, os animais mais velhos podem necessitar de um período de adaptação mais longo antes de serem libertados. Durante esse período, podem ser prestados cuidados veterinários, como o controlo de parasitas internos e externos, que pode ser importante dado que o stress e as condições de confinamento podem levar a um aumento da carga parasitária. Este aspeto é particularmente importante se os animais forem libertados em sítios utilizados para o ecoturismo, dado que os animais com uma carga parasitária excessivamente elevada estão frequentemente em piores condições, criando uma experiência turística menos desejável (Hayward et al. 2007).

Uma vantagem deste método inclui um grande grau de aceitação social e pode ser particularmente útil em casos individuais em que o carnívoro é altamente valioso, como no caso de espécies ameaçadas. Os cães selvagens africanos no Zimbabué, realojados como matilhas inteiras de terras agrícolas onde eram considerados problemáticos, mostraram uma elevada sobrevivência (90%) de novos fundadores e uma reprodução bem sucedida na sua nova área (Sillero-Zubiri & Switzer 2004).

A compra de grandes predadores pode ser dispendiosa, por isso podem ser considerados acordos entre áreas de conservação que procuram predadores e agricultores que procuram controlá-los através da translocação. Isto pode compensar as perdas e externalizar os custos deste método, tornando-o mais apelativo e económico (Hayward et al. 2007).

A translocação de carnívoros é geralmente aceite como sendo mais difícil do que a translocação de herbívoros. Este método de controlo de predadores tende a ser de gestão intensiva, tanto nos locais de captura como de libertação. Exige uma grande quantidade de recolha de informações, bem como o recurso a veterinários e outros especialistas.

As desvantagens incluem o facto de que os animais translocados muitas vezes tentam regressar aos seus territórios originais, o que pode causar conflitos recorrentes ou

uma escalada. A distância do habitat original torna-se assim um fator significativo para determinar o sucesso da translocação (Shivik 2004).
Outros problemas com este método incluem a taxa de sucesso das armadilhas. De acordo com Bothma (2012), a taxa de sucesso das armadilhas para caracais é tão baixa como 2%. Isto significa que, para muitas espécies, a baixa taxa de armadilhagem pode fazer com que este método não seja económico. Os agricultores da Namíbia aumentaram o sucesso da armadilhagem familiarizando-se com o comportamento das espécies-alvo. Alguns agricultores identificam árvores que foram marcadas por chitas para efeitos de comunicação intra-específica. A utilização destes locais para a colocação de armadilhas levou à remoção de coligações ou grupos familiares desta espécie num único evento de armadilhagem (Potgieter 2011). Os animais translocados têm frequentemente taxas de mortalidade mais elevadas nos seus novos habitats (devido a conspecíficos ou a agressões intra-específicas) em comparação com as áreas de distribuição anteriores, pelo que a translocação de grupos de animais pode ser vantajosa. No entanto, o aumento da taxa de mortalidade dos animais translocados pode resultar em mais mortes no local de relocalização do que as que ocorreriam se o controlo letal do(s) animal(ais) problemático(s) específico(s) fosse empregue no local de captura.
Para contornar esta situação, as espécies subordinadas e vulneráveis à competição devem ser libertadas antes das espécies dominantes. Os locais de translocação não devem apenas conter recursos para satisfazer as necessidades do animal, mas também devem ter territórios vagos com baixas densidades de espécies concorrentes ou conspecíficas (Treves & Kranath 2003).
Por último, sabe-se que os animais translocados voltam a cometer infracções na sua nova área e, como resultado, o problema é simplesmente deslocado em vez de ser resolvido (Mech 1995). A translocação, tal como os métodos letais de remoção, cria um vazio ecológico que é rapidamente preenchido, criando potencialmente novos conflitos (Sillero-Zubiri & Switzer 2004, Potgieter 2011).

Animais de guarda

Em muitas partes do mundo, foram utilizadas com sucesso várias espécies animais para proteger os rebanhos dos predadores. No entanto, este método requer paciência, uma vez que é necessário tempo e esforço para treinar eficazmente o animal de guarda. Não se devem esperar resultados imediatos, embora o método ofereça uma solução a longo prazo (D. Cilliers, comunicação pessoal 2013).
Os burros são geralmente dóceis, mas foi demonstrado que têm uma aversão inata a intrusos como a chita, o chacal de dorso negro, os caracais e os cães domésticos (Marker 2003). Outras espécies de animais de guarda incluem lamas, alpacas e até avestruzes, embora a sua utilização seja muito menos frequente. A utilização de animais de guarda é contingente em termos de comportamento e cria estímulos

perturbadores multissensoriais, o que contribui para o sucesso deste método (Shivik 2006).

Cães de guarda de gado

Os cães são um animal de guarda popular devido à sua familiaridade com os seres humanos. Os cães, incluindo raças como os pastores da Anatólia e os Grandes Pirinéus, são habituados, a partir das seis a oito semanas de idade, a passar tempo com o gado que irão proteger. Os cachorros são criados e educados com pequenos animais domésticos, o que cria uma ligação entre o cão e o rebanho ou manada, conduzindo a um comportamento defensivo de proteção quando a manada é ameaçada, reduzindo assim, em última análise, as perdas por predação. Os predadores tendem a ser oportunistas e, uma vez desafiados, procuram geralmente as suas presas noutro local. Esses cães podem ser usados em currais durante a noite, mas os melhores resultados foram observados em rebanhos ao ar livre (Bothma, 2012).
O sucesso com os anatólios nas províncias do Limpopo e do Noroeste da África do Sul levou essencialmente à eliminação completa das perdas devidas à predação em algumas explorações (referência).
Marker (2003) descobriu que 76% dos fazendeiros entrevistados na Namíbia relataram ter experimentado grandes reduções nas perdas desde que empregaram o uso de cães de guarda. O nível de proteção e atenção dos cães foi considerado alto. Os produtores precisam saber que esta é uma solução que exigirá paciência e esforço (Bothma 2012). Marker (2003) constatou que a maioria dos cães teve algum tipo de problema comportamental (como perseguir animais ou brincar de forma rude com membros do rebanho) em algum momento, mas que na maioria dos casos isso poderia ser resolvido de forma eficaz com treinamento corretivo. A remoção de cães, geralmente por morte (devido a ferimentos ocorridos no campo ou outras causas, como picadas de cobra), pode ser um problema que obriga os produtores a substituir o animal se quiserem continuar com o programa. Isso obviamente contribui para que sejam necessários níveis mais altos de manejo, pois novos animais precisarão ser treinados, exigindo novamente a atenção intensiva do produtor.
Além disso, é necessário fazer investigação para averiguar o impacto a longo prazo que a presença destes cães tem no ecossistema, embora atualmente pareça que na África do Sul este método é eficaz com perturbações limitadas noutros aspectos do sistema. No entanto, podem surgir complicações com este método quando o animal de guarda se torna o alvo do predador, ficando ferido ou mesmo morto. Alternativamente, uma nova investigação na Namíbia (Potgieter et al. 2015) está a mostrar que existe também o potencial para os cães ferirem ou matarem as espécies que são alvos de conservação, predadores mais pequenos ou animais de presa. Devido ao período de tempo que este método leva para se tornar eficaz inicialmente, é importante ter estratégias alternativas de mitigação para cobrir períodos como

aqueles entre a perda de um animal de guarda e a introdução de outro (Shivik 2006). Uma vez que este método se mostrou muito promissor na África do Sul (Rust et al. 2013, Leijenaar et al. 2015) em termos de taxa de sucesso, aceitação social e custo (financeiro), vários aspectos deste método são discutidos em maior detalhe na secção abaixo.

Raça

A raça do cão é um importante fator de influência para determinar o sucesso de um cão de guarda na redução de perdas de gado. Marker-Kraus et al. (1996) e Schumann (2009) descobriram que, embora um número de agricultores comerciais mantivessem cães (de diferentes raças) com seus rebanhos, eles tiveram sucesso limitado na redução da predação de animais. Potgieter (2011) afirma que a falta de eficácia se deve ao uso do tipo errado de cão (cães que tendem a pastorear em vez de guardar), bem como ao treinamento incorreto aplicado a eles. Na Europa Oriental e na Ásia, os cães têm sido utilizados para a proteção do gado durante as migrações sazonais de grandes manadas (indivíduos que chegam aos milhares). Estes cães foram expostos a uma forte pressão de seleção devido ao ambiente implacável e às preferências dos pastores por cães com um comportamento protetor instintivo sólido (os cães com bons instintos vivem mais tempo e são escolhidos para procriar). Além disso, o conhecimento acumulado por estes pastores ao longo de gerações constitui a base das diretrizes de treino para cães de guarda de gado em todo o mundo (Rigg 2001).

Os cães pastores da Anatólia são utilizados noutras partes do mundo há milhares de anos como meio de proteção do gado (muitas outras raças são também utilizadas com efeitos e resultados semelhantes). A utilização tem-se verificado na região árida do Planalto da Anatólia, na Turquia. O clima nestas áreas é semelhante ao de muitas zonas da África do Sul, com Verões muito quentes e Invernos frios. A pelagem desta raça permite um arrefecimento e isolamento eficazes devido ao comprimento do pelo, à aspereza do pelo e à cor. Os atributos físicos (tamanho, força, excelente olfato e boa visão e audição), bem como os traços de personalidade (elevados níveis de familiaridade e dedicação àqueles com quem está ligado) são considerados importantes para fazer desta raça um guardião eficaz do gado (Marker et al. 2005, Cheetah Outreach - The Anatolian Shepherd 2013).

A partir das 6-8 semanas de idade, os cachorros são criados com um rebanho ou manada e a ligação instintiva entre o gado e o cão ocorre durante este período. A natureza calma e a sensibilidade da raça permitem-lhe detetar qualquer comportamento anormal do rebanho. Esta raça também tem a capacidade de tomar decisões independentes e não depende da orientação ou do afeto humano quando é criada adequadamente. Intrusos ou ameaças ao rebanho serão investigados e desafiados, se necessário (Marker et al. 2005, Cheetah Outreach - The Anatolian Shepherd 2013).

Formação

O Apêndice A apresenta um esboço dos procedimentos básicos de treino utilizados pela Cheetah Outreach no seu Projeto de Cães de Guarda de Gado. O treino é considerado um dos factores mais importantes para determinar o sucesso dos LGDs, tanto o treino inicial como o corretivo, caso surjam problemas (Potgieter 2011). Wilkes (2014) constatou que, apesar do esforço necessário para o treino e apesar de cerca de um quarto dos cães no estudo terem tido algum tipo de problemas comportamentais, a maioria dos agricultores ainda se sentia positiva em relação ao uso de LGDs e indicou que continuaria a empregar este método de controlo.

Avaliação

Para ser comparável com outras formas de resolução de conflitos, o uso de cães de guarda de gado precisa de ser avaliado tanto em termos da sua capacidade de reduzir as perdas para o agricultor, como do seu impacto no ecossistema e o que isso significa para os esforços de conservação. A capacidade de reduzir as perdas de gado pode ser analisada em termos de redução total no número de perdas, especificidade/capacidade de selecionar os animais alvo, duração da eficácia e custo-eficácia. Um fator adicional a considerar é a vontade do público de abraçar a sua utilização ou aceitação (Potgieter 2011). A literatura publicada disponível até à data neste domínio é resumida nas secções seguintes.

Aceitação

Embora se saiba que os cães de guarda de gado matam predadores, este comportamento não é comum e atualmente a utilização de cães de guarda é geralmente vista como uma forma não letal de gestão de conflitos. Como resultado, o público em geral tende a aceitar melhor o uso de cães de guarda de animais. No entanto, pesquisas recentes (Potgieter et al. 2015), como mencionado anteriormente, mostraram que na Namíbia há incidências de cães que matam outras espécies (incluindo espécies predadoras e presas). Como resultado, pode haver uma necessidade ou exigência de uma reavaliação da rotulagem deste método como não-letal.

No entanto, os métodos de controlo não letais normalmente obtêm maior apoio público do que os métodos letais legais regulamentados (Gehring et al. 2010, Potgieter 2011). Além disso, evidências anedóticas obtidas por VerCauteren et al. (2008) sugerem que os agricultores que fazem uso de cães de guarda de gado experimentam níveis mais baixos de stress devido à capacidade dos cães de trabalhar 24 horas por dia, sete dias por semana.

Custo

Ginsberg e Macdonald (1990) consideraram os cães de guarda de gado como "talvez o método mais rentável de controlo não letal de predadores".

O custo económico das perdas de animais pode levar os agricultores a alterar as suas operações ou a perder os seus meios de subsistência. A pecuária funciona frequentemente com margens de lucro estreitas, pelo que mesmo perdas de gado relativamente pequenas podem ter um grande impacto. Os custos indirectos, como o tempo ou a alteração do comportamento dos animais na presença ou ausência de predadores, também devem ser tidos em conta (Potgieter 2011). Como tal, qualquer programa de controlo de predadores deve ser rentável, a fim de proporcionar um incentivo financeiro.

O programa de cães de guarda gerido pela Cheetah Outreach absorve alguns dos custos diretos associados à utilização de cães de guarda de gado. O programa fornece aos agricultores um cachorro e patrocina o seu primeiro ano na exploração. Isto também dá aos agricultores a oportunidade de experimentarem os benefícios deste método antes de experimentarem as implicações de custos diretos associados a ele, tornando-os mais receptivos e dispostos a empreender a utilização deste método a longo prazo, uma vez que ele terá provado o seu valor antes de o agricultor ter de desembolsar custos. Os custos contínuos após este primeiro ano são os custos de fornecer aos cães uma alimentação de alta qualidade, bem como os custos veterinários, como as vacinas. É necessária uma alimentação de alta qualidade, uma vez que se trata de cães de trabalho, e uma alimentação de qualidade insuficiente pode levar a cães com problemas comportamentais ou com fraco desempenho (Potgieter 2011, Cilliers 2013).

Potgieter (2011) descobriu que, para que um cão de guarda de gado de tamanho médio fosse rentável na Namíbia (com base no custo de alimentação e vacinação), era necessário salvar um mínimo de cinco cabras ou seis ovelhas por ano. Na África do Sul, devido ao patrocínio da Cheetah Outreach, os cães de guarda de gado precisariam salvar menos animais para serem rentáveis do ponto de vista dos produtores no primeiro ano. Rust et al. (2013) descobriram que, após o primeiro ano, no qual os custos para o agricultor foram cobertos, a economia bruta para os agricultores foi de US$ 1.005 ± US$ 302/cachorro e a economia líquida da diminuição da depredação após o primeiro ano foi de US$ 501 ± US$ 302/cachorro/ano.

Comparado com o custo de alternativas como um pastor em tempo integral ou cercas, os cães de guarda de animais são vistos como razoavelmente eficientes em termos de custo. Isso pode não ser verdade para os produtores que não se beneficiam de programas em que o cão é fornecido gratuitamente, mas estudos nos Estados Unidos relataram que os produtores que compraram cães de guarda de gado de criadores independentes ainda os consideravam rentáveis em comparação com muitos métodos alternativos de controlo (Andelt 2004). Em 2000, Andelt e Hopper descobriram que os agricultores do Colorado que usavam pastagens vedadas tinham uma poupança anual de 1149 dólares e os que usavam pastagens abertas tinham uma poupança de 3610 dólares quando incorporavam o uso de cães de guarda de gado. Além disso,

VerCauteren *et al.* (2008) verificaram que a utilização de um cão de guarda de gado tinha benefícios económicos em termos de alimentos destinados ao gado não serem consumidos por herbívoros selvagens. Andelt e Hopper (2000) descobriram que, em seu estudo de sete anos, os produtores com cães foram capazes de aumentar o tamanho de suas operações, enquanto aqueles sem cães estavam mais inclinados a diminuir o tamanho de suas operações.

Na África do Sul, Rust et al. (2013) encontraram uma poupança média anual nos seus locais de estudo de 3.189 dólares por exploração. Os agricultores de subsistência podem necessitar de maiores reduções de custos ou da utilização de cães locais (cães de raça variável não especificamente criados para serem LGDs) treinados da mesma forma, de modo a tornarem-se uma alternativa viável para eles.

É necessária mais investigação sobre a utilização de cães locais (Potgieter 2011).

Duração da eficácia

Um estudo recente (Potgieter 2011) mostra que estes cães são eficazes desde uma idade jovem, mas o número e a natureza dos predadores numa área podem influenciar a idade em que os cães se tornam eficazes. Considera-se que os LGDs são mais eficazes aos dois anos de idade, quando atingem a maturidade. Portanto, embora os cães mais jovens tenham mostrado reduções nas perdas de gado, o desempenho máximo não deve ser esperado até esse momento (Potgieter 2013). Os cães que apresentam comportamentos indesejáveis (como perseguir presas ou não permanecer com o rebanho) muitas vezes sofrem mortes prematuras ou são removidos das condições de trabalho (Potgieter 2013). Como resultado, os estudos sobre a duração da eficácia são tendenciosos em relação aos cães mais velhos que foram mantidos como cães de trabalho devido aos seus comportamentos desejáveis e alta redução nas perdas de gado. Se os cães não forem removidos ou sofrerem morte prematura, os produtores podem esperar que os cães sejam eficazes por um período prolongado (anos em vez de meses). Estudos descobriram que há um período limitado de proteção quando os cães são removidos. Por exemplo, Linhart et al. (1979) descobriram que a redução da predação de ovelhas era mantida por apenas 20 dias ou menos após a remoção dos LGDs.

Eficiência biológica

De acordo com Shivik (2004), a eficiência biológica existe como a relação entre os benefícios de conservação derivados de um método e a eficiência económica em relação ao tamanho da população da espécie de predador em questão. De acordo com este modelo, se a espécie de predador em causa estiver ameaçada, um método pode ser considerado biologicamente eficiente mesmo que seja centrado no indivíduo, complexo e relativamente caro. Em contrapartida, os métodos para espécies abundantes a nível local só seriam biologicamente eficientes se fossem baratos e simples.

O controlo letal com baixa especificidade representa uma ameaça a longo prazo para a conservação de muitos predadores (Treves & Karanth 2003). O uso de controlo letal geral, como venenos, pode ter impactos ecológicos significativos que afectam muitas espécies e não apenas os predadores, e por isso é pouco provável que seja biologicamente eficiente. O uso de cães de guarda de gado tende a ser visto como não letal. No entanto, existe a possibilidade de que, devido à sua natureza protetora, os cães possam matar predadores que ameacem o rebanho. Isto significaria que, mesmo como um método de controlo letal, os cães de guarda de gado teriam um elevado grau de especificidade, visando apenas os predadores que representam uma ameaça direta (Potgieter 2011). Novas pesquisas (Potgieter 2014) indicaram que há casos em que alguns cães mataram espécies de presas. Mais uma vez, o uso de treinamento corretivo deve ser enfatizado. Se o treinamento corretivo não alterou o comportamento de perseguição de presas, pode ser necessário remover um cão do programa. No entanto, se um cão mata uma presa, deve ser apenas quando o rebanho está diretamente ameaçado, resultando num elevado nível de especificidade e, se não for este o caso, o cão deve ser considerado para remoção do programa.

Os benefícios de conservação do método LGD também diferem consoante as espécies de predadores. Os predadores de topo como a chita e o leopardo (que ocorrem em muito menor número) enfrentam uma maior ameaça de extinção do que os meso-predadores como o chacal e o caracal. Por conseguinte, a eficiência biológica global dos cães de guarda de gado seria maior se os predadores de topo tivessem maior proteção (Potgieter 2011).

Como discutido em secções anteriores, existe a possibilidade de os cães de guarda de gado matarem carnívoros mais pequenos que não contribuem para a perda de gado. Estes carnívoros menores cumprem funções ecológicas importantes e se forem mortos terão um impacto negativo no ecossistema como um todo. A perseguição de animais selvagens tem sido relatada em estudos de cães de guarda de gado (Potgieter 2011), mas a frequência com que isso leva à morte de animais selvagens não foi abordada até muito recentemente, em que Potgieter et al. (2015) descobriram que dois dos 83 cães mataram uma espécie carnívora não-alvo e 15 cães mataram espécies de presas. A perseguição de animais selvagens é desencorajada durante o treinamento, no entanto, alguns fazendeiros podem ver isso de forma positiva, bem como um meio de prevenir a transmissão de doenças da vida selvagem para o gado (geralmente há menos preocupação com a transmissão de doenças para o cão devido a muitas doenças que visam espécies intimamente relacionadas, portanto, é muito mais provável que uma vaca ou touro pegue algo do búfalo do que o cão seja infetado), mas geralmente é visto como um aspeto negativo do uso dos cães.

Potgieter (2011) descobriu que a presença de cães de guarda de gado proporcionou a maior quantidade de benefícios de conservação para a chita, não fez diferença para a conservação do leopardo e, embora o chacal e o caracal ainda fossem mortos pelos agricultores, isso ocorreu a uma taxa menor após a introdução de cães de guarda de gado. O resultado líquido, incluindo o abate por cães, foi um aumento de mortes de meso-predadores. Isso foi contrário ao que foi encontrado em outros estudos e pode ser devido a um pico no número de chacais em uma área específica usada no estudo (Bothma 2012). É necessário um estudo a longo prazo sobre esta questão, a fim de obter uma melhor compreensão do impacto de conservação dos cães de guarda de gado, bem como outros factores, tais como a abundância de predadores que podem influenciar a forma como as estratégias de controlo de predadores são selecionadas. No entanto, mesmo à luz da mortalidade dos meso-predadores (Potgieter 2015), considera-se que o uso de LGDs tem benefícios para a conservação devido à proteção conferida aos predadores de topo.

A natureza dos cães de guarda de gado significa que não é necessário nenhum treinamento adicional para aumentar a seletividade, pois eles já são altamente seletivos e, mesmo que meso-predadores sejam mortos, apenas os culpados pela morte de animais são geralmente afetados, tornando a remoção de predadores altamente seletiva. Devido a esta especificidade, os animais não visados não são normalmente afectados. No entanto, sem a presença de pastores, os encontros entre cães de guarda de gado e predadores podem ser subnotificados e podem ser mais prevalentes do que o indicado (Potgieter 2011).

Em contrapartida, as espécies de presas selvagens não têm necessariamente de ser perseguidas pelos cães para que evitem as pastagens onde os cães protegem o gado. VerCauteren *et al.* (2008) demonstraram o potencial da utilização de cães de guarda de gado como forma de reduzir a transmissão de doenças entre o gado e a caça selvagem. Isto foi conseguido através da utilização dos cães para afastar veados potencialmente infecciosos das áreas de criação de gado. A extensão desta utilização na África do Sul poderia trazer grandes benefícios, particularmente em áreas onde doenças como a tuberculose bovina ou a doença do corredor/búfalo estão a ser disseminadas entre os búfalos (que actuam como hospedeiros de manutenção) e o gado (Osofsky 2005).

A prevenção destas doenças baseia-se em evitar o contacto entre as espécies hospedeiras (Bothma & du Toit 2011). O uso de cães de guarda de gado pode ajudar muito a limitar a interação potencial entre o gado doméstico e a caça selvagem, diminuindo assim as taxas de transmissão. Isto é feito através de cães que desencorajam as espécies que ocorrem naturalmente de entrar em contacto próximo com o gado, não as excluindo completamente da exploração ou sistema.

Globalmente, este método, com as informações atualmente disponíveis, parece ser notavelmente eficaz do ponto de vista biológico.

Problemas de comportamento

Os cães jovens podem apresentar comportamentos indesejáveis, tais como brincadeiras bruscas com o gado ou morder e perseguir animais selvagens. Se não forem tratados, os cães podem tornar-se indignos de confiança, uma vez que estes comportamentos podem causar danos diretos aos animais e reduzir indiretamente a eficácia, deixando o seu rebanho desprotegido durante estas brincadeiras ou comportamentos de perseguição.

Embora este comportamento tenda a desaparecer à medida que os cães amadurecem, é aconselhável que os problemas de comportamento sejam tratados com treino corretivo logo que sejam identificados. A atenção é desenvolvida desde cedo e é melhorada se o cão estiver sempre junto do gado e durante o treino inicial. Ficar em casa em vez de sair com o rebanho pode ser indicativo de cuidados reduzidos ou inconsistentes ou de um pastor de baixa qualidade, e não por culpa do próprio cão. Uma dieta de alta qualidade e um pastor competente que tome medidas corretivas podem reduzir a probabilidade de comportamentos problemáticos. Assim, comportamentos indesejados são menos prováveis de ocorrer em operações agrícolas comerciais, uma vez que a dieta e os cuidados tendem a ser relativamente mais consistentes nesses ambientes, possivelmente devido a fundos mais consistentes disponíveis, bem como protocolos que ditam métodos e prazos relacionados aos cuidados (Potgieter 2011).

As técnicas de treino melhoradas registaram uma redução dos comportamentos problemáticos (Potgieter 2011). A seleção cuidadosa não só da raça, mas também da utilização de uma linha de trabalho comprovada, bem como a assimilação adequada através de um treino apropriado, podem ajudar a reduzir os problemas (Marker et al. 2005, VerCauteren et al. 2008).

Cães de guarda de gado na África do Sul

O sucesso de um programa de cães de guarda na Namíbia pelo Cheetah Conservation Fund levou ao lançamento de um projeto semelhante pelo De Wildt's Wild Cheetah Management Project e pela Cheetah Outreach em 2005 (agora gerido inteiramente pela Cheetah Outreach). Inicialmente, os agricultores envolvidos no projeto têm os custos associados à introdução do cão cobertos durante o primeiro ano pelo programa de conservação. Esta estratégia foi utilizada para promover a participação e proporcionar aos cães uma boa dieta de trabalho e cuidados veterinários adequados. No entanto, o investimento temporal feito pelos fazendeiros durante este período inicial é frequentemente o fator decisivo para determinar o sucesso do uso de um cão de guarda na fazenda (Cheetah Outreach - The Anatolian Shepherd 2013).

O programa foi implementado principalmente com rebanhos de ovelhas e cabras, mas os cães também foram usados em alguns casos com gado e espécies de caça selvagem. A Cheetah Outreach implementou um programa de criação de pastores da Anatólia para aumentar a colocação de cães em explorações agrícolas sul-africanas

(Cilliers 2013). Um aumento do número de agricultores que utilizam LGDs só pode ocorrer se houver um número adequado de cachorros saudáveis provenientes de criadores fiáveis para satisfazer a procura. Portanto, a capacidade de ambos os sexos de cães, como encontrado por Leijenaar et al. (2013), para reduzir com sucesso as perdas de gado é significativa, uma vez que o conjunto de candidatos a serem selecionados tanto para reprodução como para uso no campo não é restrito. É importante notar que há um número de criadores e outras organizações que declaram que estão a oferecer LGDs, no entanto, como mencionado anteriormente, é importante e pode ter impacto no sucesso se os cães vêm ou não de linhas de trabalho comprovadas com pares de raças saudáveis.

Os agricultores do programa relataram reduções de 95-100% nas perdas de gado desde a introdução dos cães (como ilustrado nas figuras 2 e 3; Rust et al. 2013, Cilliers 2013, Leijenaar et al. 2015).

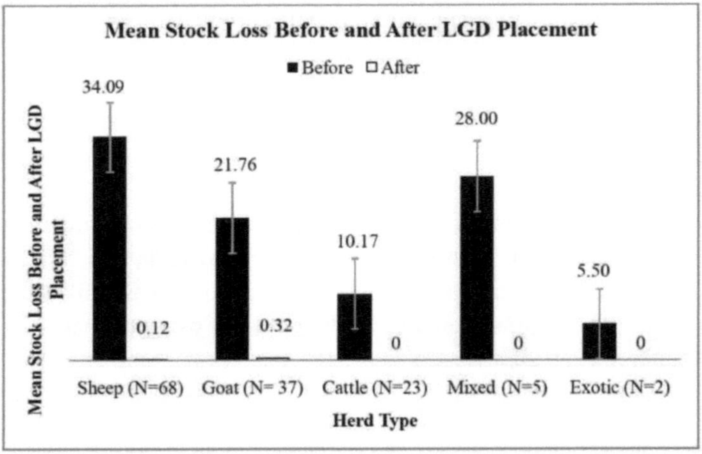

Figura 2: Número médio de animais perdidos de acordo com o tipo de rebanho antes e depois da colocação de um cão de guarda de gado (LGD). As barras pretas representam a média de perdas antes da colocação de um LGD; as barras brancas representam a média de perdas após a colocação de um LGD. As barras representam a média ± erro padrão da média (reproduzido com permissão de Leijenaar et al. 2015).

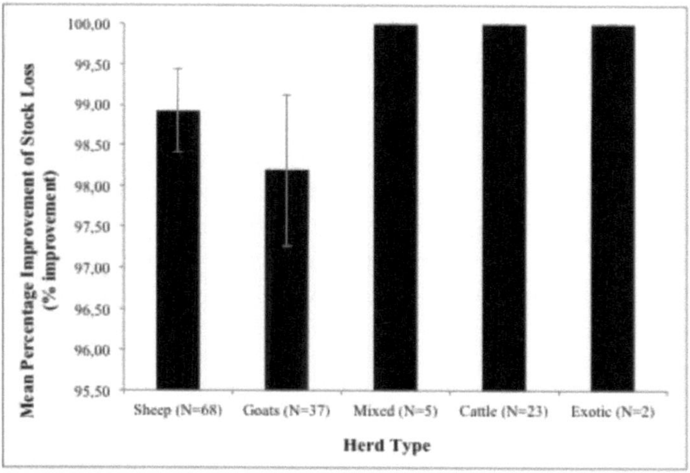

Figura 3: Melhoria percentual média nas perdas de animais após a introdução de um cão de guarda de gado em diferentes tipos de rebanho. As barras representam a média ± erro padrão da média (reproduzido com permissão de Leijenaar et al. 2015).

Leijenaar et al. (2015) descobriram que os LGDs da Anatólia são igualmente eficazes numa variedade de tipos de rebanhos. Isto é significativo, dado que os agricultores, na África do Sul em particular, têm a opção de não só criar com espécies tradicionais como ovelhas, cabras e gado, mas também podem concentrar-se na utilização da vida selvagem, produzindo carnes de caça como alternativa. Vários agricultores na África do Sul transformaram as suas operações para incluir espécies cinegéticas com gado doméstico ou estão a criar exclusivamente espécies selvagens (Van der Merwe & Saayman 2003, Bothma & Du Toit [Eds.] 2011). A capacidade de um LGD para se ligar e proteger diferentes espécies de presas significa que também pode ser utilizado para reduzir as perdas de gado devido à predação para os criadores de caça.

Inibição da reprodução

Neste caso, as populações de predadores são manipuladas através do controlo da capacidade reprodutiva e da fertilidade. Este pode ser um método útil para reduzir os conflitos com predadores territoriais. A imunocontracepção e os quimioesterilantes foram propostos como métodos possíveis para o conseguir. Esta solução permite estabilizar as populações locais de predadores, mantendo os seus territórios ocupados e diminuindo as perdas por predação. Os predadores que têm de cuidar das crias têm mostrado maior predileção por predar o gado (Blejwas et al. 2002).

A esterilização pode ser particularmente eficaz em áreas onde as perdas são sazonais e proporcionais à atividade reprodutiva dos predadores. De acordo com Bothma (2012), um estudo realizado nos EUA indicou que a esterilização de coiotes é o meio mais duradouro de controlo da população, mas o autor duvidou que pudesse ser económica e praticamente viável a nível regional devido aos custos e aos métodos de administração. No caso dos coiotes, a utilização de iscos contendo hormonas esteróides contraceptivas (como o benzoato de estradiol) revelou-se algo eficaz na contraceção dos coiotes. Este método pode impedir as fêmeas em cio de se reproduzirem, mas não cria vagas territoriais que serão preenchidas por imigrantes. Existem problemas com os contraceptivos químicos adequados e com os sistemas de administração eficazes, como a dosagem correta se for administrada em isco e o custo se for administrada por dardo ou injeção. É necessário continuar a investigação e o desenvolvimento de compostos contraceptivos fáceis de utilizar, fiáveis e seguros para que esta seja uma solução prática e rentável (Sillero-Zubiri & Switzer 2004, Shivik 2004 & Bothma 2012).

Capítulo 3

Abordagem holística/ecossistémica

A realização de pequenas mudanças, mesmo que sejam pequenas, para avançar no sentido de uma gestão holística do gado, pode ter um grande impacto na capacidade do ecossistema (que, nestes casos, inclui a exploração agrícola) para suportar adequadamente os carnívoros, reduzindo simultaneamente os conflitos com o gado que ocorre no mesmo sistema. Esta abordagem procura incorporar as complexidades e interdependências ecológicas, de custos e de outros factores nas decisões de gestão, tendo em conta as consequências diretas e indirectas dessas acções e baseia-se em sistemas, em oposição ao pensamento cartesiano ou linear. O pensamento linear ou cartesiano pressupõe que a causa e o efeito ocorrem numa linha reta direta com uma certa previsibilidade e rigidez. O pensamento sistémico ou holístico parte do princípio de que a causa e o efeito podem ocorrer em várias direcções, com circuitos de feedback capazes de alterar ambos.

A ladainha dos instrumentos de gestão de conflitos deve ser vista como componentes de uma abordagem global (por oposição a uma abordagem linear em que cada método seria analisado individualmente), com feedback (de métodos ou de alterações no sistema) que leva a que sejam feitos ajustamentos ao quadro geral. Esta abordagem não exclui a utilização de qualquer método (letal ou não letal), mas requer mais informações antes de selecionar o mais adequado. É necessária uma revisão repetida das acções e dos resultados para identificar as causas profundas dos problemas, como as perdas de gado. A identificação correta do problema (como a causa da perda) e a seleção de medidas adequadas de sucesso (medir a melhoria das perdas de gado em vez do número de predadores mortos) é fundamental para compreender os sistemas em jogo (Snow 2008).

A resolução de conflitos entre conservacionistas e agricultores pode ser um desafio devido a argumentos sociais complexos e a diferenças sociais relativamente a opções e objectivos de governação. Semelhante a esta abordagem e uma possível técnica a ser utilizada na criação de uma abordagem holística para superar estas dificuldades é a nova combinação da metodologia Q e da técnica Delphi, tal como efectuada por Rust (2016). A técnica Delphi é sistemática e repetitiva. Permite que os decisores cheguem a um consenso sobre questões complexas. A metodologia Q é uma entrevista quantitativa controlada em que se pede aos participantes que classifiquem afirmações predefinidas (é necessário efetuar investigação prévia para ilustrar áreas de interesse e opiniões sobre o tema) numa escala, permitindo assim que as áreas de acordo e desacordo se tornem evidentes. Também ilustrará as diferentes narrativas dos participantes. Isto fornece uma gama e não uma frequência de pontos de vista. A combinação das duas técnicas oferece a possibilidade de, através da repetição e de mecanismos de feedback, se poder tomar uma decisão mais "holística e racional" com base numa compreensão mais completa das ferramentas disponíveis e dos seus resultados.

Usando estas técnicas, Rust (2016) descobriu que um consenso robusto foi alcançado neste estudo pelas partes interessadas que concordaram que a melhor abordagem para reduzir a depredação de gado era o uso de educação para a conservação e formação em criação de animais. Este estudo é particularmente importante para demonstrar que é possível chegar a um consenso entre as partes interessadas que abordam a situação de pontos de vista muito diferentes.

Uma abordagem holística ou de sistemas deve refletir-se nos planos financeiros e de criação das explorações. Estes planos poderiam então ser usados como informação de apoio em pedidos de licenças de controlo de carnívoros. Além disso, esses planos devem conter tendências de longo prazo evidentes nas populações de carnívoros e herbívoros e na produtividade do habitat (Snow 2008, Bothma 2012). Esta informação pode ser a chave para o sucesso da ligação entre a investigação e a formação de políticas efectivas. Uma abordagem ecosistémica procura prevenir o conflito entre humanos e predadores, evitando a necessidade de respostas reactivas (como o envenenamento não seletivo) que tendem a ser menos pensadas, menos eficazes e podem exacerbar a situação. Uma abordagem ecossistémica defende que o custo das medidas de controlo deve ser proporcional ao custo dos danos sofridos e que o sucesso deve ser medido não pelo número de predadores mortos, mas pelo aumento dos lucros resultantes da redução das perdas e do aumento da produtividade. Se for corretamente implementada, esta abordagem deverá conduzir ao menor número possível de predadores mortos desnecessariamente (Snow 2008).

Um controlo dos predadores que não seja de natureza holística, planeado e executado de forma aleatória e deficiente, pode criar um sumidouro ecológico; os territórios vagos tornam-se territórios potenciais para animais da mesma espécie ou que ocupam o mesmo nicho ecológico. Pode ocorrer subsequentemente um desequilíbrio ecológico, resultando num afluxo de novos animais com potencial para causar danos. Um animal não agressor pode ser substituído por um animal que se alimenta de gado (Snow 2008). Uma abordagem de criação de ecossistemas pode evitar o sobrepastoreio e o pisoteio do habitat e permite a existência de predadores e presas naturais, protegendo o efetivo pecuário contra eventos de predação.

Este tipo de abordagem pode beneficiar o gado e a vida selvagem devido à competição interespecífica entre diferentes tipos de carnívoros. A presença de um tipo de predador pode afastar outro tipo de predador, permitindo que as populações de presas floresçam. O controlo de um tipo de predador pode influenciar grandemente a dinâmica populacional de outros tipos de predadores numa zona. Foi demonstrado que a presença de caracais tem um impacto positivo no controlo de pequenos mamíferos herbívoros, bem como de chacais de dorso negro, até certo ponto (Bothma 2012). Por conseguinte, a erradicação completa dos caracais (ou a sua tentativa) poderia aumentar a predação. Devido ao aumento do número de chacais, ou ao aumento da competição pelos recursos alimentares do gado resultante do florescimento de populações de herbívoros selvagens. Isto tem o efeito oposto ao desejado (Bothma 2012).

A remoção total de todos os predadores de uma área pode causar uma miríade de modificações num habitat. Isto foi demonstrado no Karoo, onde pequenos animais domesticados ao longo de dez anos causaram alterações na estrutura da vegetação e na distribuição de pequenos mamíferos (Bothma 2012). O aumento de herbívoros selvagens devido à remoção de predadores pode resultar em sobrepastoreio e numa diminuição da produtividade global da área, tornando-a menos valiosa para usos agrícolas (Bothma 2012). O aumento do funcionamento do ecossistema pode aumentar a produtividade do gado e compensar as perdas sofridas devido à predação. O sucesso ou insucesso dos métodos numa abordagem ecossistémica deve ser medido em relação ao custo real dos danos ou perdas e aos benefícios obtidos. Os aspectos negativos associados à predação e os aspectos positivos da utilização desta abordagem devem ser tidos em conta no planeamento financeiro, bem como na tomada de decisões ecológicas (Snow 2008, Bothma 2012). As espécies de predadores, especialmente as que estão ameaçadas, como a chita, podem ser apoiadas utilizando uma abordagem holística através da preservação do habitat e de populações de presas saudáveis (Marker-Kraus & Kraus 1997). A adaptação adequada às circunstâncias em mudança, através de uma abordagem de pensamento sistémico que considere a exploração de forma holística, pode ajudar a garantir a utilização da combinação correta de métodos de mitigação de conflitos com predadores. Esta abordagem também pode indicar falhas na gestão, bem como pontos de alavancagem a partir dos quais a mudança pode ser originada, resultando na maior probabilidade de sucesso (Snow 2008). Snow (2008) entrevistou agricultores que confirmaram que mudanças pequenas e bem colocadas (com base em pontos de alavancagem) podem produzir grandes resultados positivos, ilustrando que esta é uma abordagem realista e eficaz. A educação dos agricultores a este respeito é fundamental para que esta abordagem se torne comum.

Implicações para a gestão

O controlo letal tende a diminuir a especificidade e deve ser geralmente utilizado para a redução a curto prazo das populações de predadores, particularmente durante períodos de alto risco, como a época de parição. Nunca é aconselhável um abate indiscriminado que não vise especificamente os culpados pela morte dos animais. Em contrapartida, os métodos não letais tendem a ser mais viáveis a longo prazo e a ser socialmente mais aceitáveis. Os objectivos e decisões de gestão financeira e ecológica devem procurar equilibrar a perda de gado devido à predação com os benefícios de uma abordagem holística do ecossistema. É muito mais provável que as abordagens sejam bem sucedidas se não forem orientadas por ganhos financeiros a curto prazo, mas antes encaradas tendo como prioridade a sustentabilidade ecológica e económica a longo prazo. Os benefícios ecológicos da presença de predadores na criação de um ecossistema funcional que aumente a capacidade do habitat para suportar animais herbívoros, incluindo o gado, devem ser tidos em conta no plano financeiro global. As licenças só devem ser concedidas para o controlo temporário de predadores se forem acompanhadas de planos de gestão ecológicos e económicos viáveis (Bothma 2012).

Devido à prevalência de predadores, em particular o chacal de dorso negro, uma estratégia nacional de controlo dos animais problemáticos poderia ser extremamente benéfica. A intervenção governamental e a definição de políticas (no que respeita à caça, conservação e utilização dos solos) poderiam contribuir grandemente para a criação e aplicação de uma abordagem coordenada deste problema. A política e o quadro jurídico serão mais eficazes se, juntamente com os conhecimentos especializados relevantes, previrem uma gestão cooperativa entre as várias partes interessadas, a fim de obter apoio e aceitação locais desses quadros. A manutenção de registos pelos agricultores pode ser um recurso importante para determinar as melhores práticas, caso um programa como este venha a ser implementado. A cooperação entre agricultores e autoridades de conservação com uma visão mais ampla do controlo de predadores é necessária para alcançar os resultados desejados nesta área. A resolução de conflitos entre predadores e pessoas é um desafio igualmente político e científico, sendo necessária uma paisagem tolerante de ambos os lados. As decisões têm de ser tomadas com base não no medo, mas num maior conhecimento e compreensão (Madden 2008, Bothma 2012).

Conclusão

A única forma de eliminar as perdas de gado devido à predação é exterminar completamente os predadores a nível nacional (Bothma 2012). Isto não é obviamente viável (devido à ampla distribuição geográfica e à rápida recuperação dos predadores sul-africanos) nem (talvez mais importante) é uma abordagem ecologicamente desejável. Portanto, algumas perdas devido à predação continuarão a ocorrer. No entanto, há formas de manter estas perdas a níveis economicamente aceitáveis para o agricultor e, do mesmo modo, o impacto da agricultura nas populações selvagens deve ser mantido dentro de limites ecologicamente sustentáveis. Isto é conseguido através de uma gestão adaptativa. O maior sucesso será alcançado se o agricultor tiver em conta a situação única da sua exploração e adaptar as práticas agrícolas em conformidade; as generalizações tendem a ser infundadas. Isto pode exigir uma certa quantidade de investigação e informação (como uma análise custo-benefício) antes de se poderem decidir as acções adequadas. Os pontos de alavancagem identificados por Snow (2008) que merecem ser considerados e que podem ter um grande impacto na redução das perdas por predação incluem vedações, animais de guarda (em especial cães pastores da Anatólia), métodos preventivos baseados no princípio da neofobia e um sistema de alarme que alerte os agricultores quando ocorre uma perturbação. Em última análise, um nível mais elevado de gestão tende a conduzir a uma redução das perdas devidas à predação. As restrições financeiras e físicas determinarão o nível de gestão que pode ser implementado em explorações individuais (van Niekerk et al. 2013).

As considerações de custo-benefício são importantes para a maioria dos agricultores. As técnicas devem ser acessíveis e relativamente fáceis de implementar. Devem ser considerados os custos adicionais, a longevidade da eficácia e os objectivos de conservação (Shivik 2006). A regulação do impacto dos predadores não pode ser conseguida simplesmente através da tentativa de controlar o número de predadores. Uma abordagem integrada e multifacetada do ecossistema, que não favoreça nem os métodos letais nem os não letais (antes de ser recolhida informação adequada) e que esteja aberta à sua utilização em conjunto, pode oferecer a solução de atenuação mais eficaz.

Um controlo bem planeado dos predadores, baseado em investigação e informação suficientes, pode levar à redução dos conflitos entre humanos e animais selvagens. De um modo geral, a relação entre agricultores, biólogos e animais selvagens deve basear-se na confiança, para que as opiniões tradicionalmente negativas sobre os predadores sejam substituídas por opiniões mais corretas (Shivik 2006). A este respeito, é frequentemente necessário extrapolar informação de outras espécies semelhantes. Embora isto possa gerar novas oportunidades ou hipóteses potenciais, muitas das técnicas (tanto letais como não letais) requerem uma investigação aplicada mais aprofundada, que seja específica do contexto e da espécie, antes de se estabelecer a sua eficácia. Além disso, devem ser feitos esforços para melhorar os aspectos sociais do controlo dos predadores, como a educação e a comunicação entre as partes interessadas.

Literatura citada

Acorn, R.C. & M.J. Dorrance. 1994. An Evaluation of Anti-coyote Electric Fences (Avaliação de cercas eléctricas anti-coiote). Actas da Décima Sexta Conferência sobre Pragas de Vertebrados. <http://digitalcommons.unl.edu/cgi/viewcontent.cgi?article=1001&context=vpc16&sei-redir=1&referer=http%3A%2F%2Fscholar.google.ch%2Fscholar%3Fstart%3D30%26q%3Dfences%2Bto%2Breduce%2Bcoyote%2Bpredation%2Bon%2Blivestock%26hl%3Den%26as_sdt%3D0%2C5%26as_vis%3D1#search=%22fences%20reduce%20coyote%20predation%20livestock%22> Acedido em 3 de março de 2014.

Andelt, W.F. 2004. Utilização de animais de guarda de gado para reduzir a predação do gado. Sheep & Goat Research Journal 19: 72-75.

Andelt W.F. & S.N. Hopper. 2000. Cães de guarda de gado reduzem a predação de ovelhas domésticas no Colorado. Journal of Range Management 53: 259-267.

Angst, C., J-M. Landry, J. Linnel & U. Breitenmoser. 2004. Carnivore Damage Prevention News n.º 7. < http://lobo.fc.ul.pt/caodegado/Publicacoes/Divulgacao/CDPNews-7_Jul2004.pdf> Acedido em 5 de abril de 2015.

Blejwas, K.M., B.N. Sacks, M.M. Jaeger & D.R. McCullough. 2002. The Effectiveness of Selective Removal of Breeding Coyotes in Reducing Sheep Predation (A eficácia da remoção selectiva de coiotes reprodutores na redução da predação de ovinos). The Journal of Wildlife Management 66: 451-462.

Bothma, J. 2012. Revisão da literatura sobre a ecologia e o controlo do chacal de dorso negro e do caracal na África do Sul. <http://www.agrieden.co.za/userfiles/articles/documents/20120907 1347021691.pdf> Acedido em 3 de fevereiro de 2014.

Bothma, J.P. & J.G. du Toit, Editores. 2011. Gestão de ranchos de caça. Quinta edição. Van Schaik Publishers. Pretória.

Burns, R.T., D.E. Zemlicka, & P.J. Savarie. 1996. Effectiveness of Large Livestock Protection Collars against Depredating Coyotes. Wildlife Society Bulletin 24:123-127.

Alcance da Chita. 2013. The Anatolian Shepherd. <http://www.cheetah.co.za/an_description.html> Acedido em 8 de janeiro de 2014

Alcance da Chita. 2013. Relatório de Progresso do Projeto de Cães de

Guarda de Gado, dezembro de 2013.
Alcance da Chita. 2013. Manual Completo do Agricultor - Restabelecendo o Equilíbrio. <http://www.cheetah.co.za/an_description.html> Acedido em 8 de janeiro de 2014.
Cilliers, D. 2013. Comunicação pessoal, 5 de maio de 2013. Oficial de Campo Sénior, Projeto do Pastor da Anatólia no Território Oriental, Cheetah Outreach, África do Sul.
Condado de Collier, Flórida. 2016. Pantera da Florida (Felis concolor coryi). < http://www.colliergov.net/your-government/divisions-a-e/environmental-services/protected-species/mammals/florida- panther-felis-concolor-coryi> Acedido em 17 de fevereiro de 2016.
Connolly, G. & W. Longhurst. 1975. The Effects of Control on Coyote Populations. Universidade da Califórnia. Div. Agri. Sci. Bull. 1872. 37pp.
De Wet, T. 2007. Instituto de Controlo de Danos Animais, África do Sul: Conceitos Importantes. < http://www.jackal.co.za/ > Acedido em 16 de março de 2014.
Eisler, R. 2007. Eisler's Encyclopaedia of Environmentally Hazardous Priority Chemicals. Elsevier. Amesterdão.
Gehring, T.M., R.N. Schultz, A.P. Wydeven & K.C. VerCauteren. 2006. Are Viable Non-Lethal Management Tools Available for Reducing Wolf-Human Conflict? Preliminary Results from Field Experiments. Proc. 22nd Vertebr. Pest Conf. (R. M. Timm e J. M. O'Brien, Eds.) Publicado na Univ. of Calif., Davis. 2006. Pp. 2-6.
Gehring, T.M., K.C. VerCauteren & J. Landry. 2010. Cães de proteção de gado no século XXI: Is an Ancient Tool Relevant to Modern Conservation Challenges? Bioscience 60: 299-308.
Ginsberg J.R. & D.W. Macdonald.1990. Foxes, wolves, jackals, and dogs. Um plano de ação para a conservação dos canídeos. Publicações da IUCN, Gland, Suíça.
<http://www.canids.org/1990CAP/90candap.htm> Acedido em 4 de abril de 2014.
Goodrich, J.M. 2010. Conflito homem-tigre: A review and call for comprehensive plans. Integrative Zoology 5: 300-312.
Gussett, M., S.J. Ryan, M. Hofmeyer, G. van Dyk, H.T. Davies-Mostert, J.A. Graf, C. Owen, M. Szykman, D.W. Macdonald, S.L. Monfort, D.E. Wildt, A.H. Maddok, M.G. Mills, R. Slotow & M.J.
Somers. 2008. Blackwell Publishing Ltd Efforts going to the dogs? Avaliando as tentativas de reintrodução de cães selvagens ameaçados de extinção na África do Sul. Jornal de Ecologia Aplicada 45: 100-108.

Hayward, M.W., J. Adendorff, J. O'Brien, A. Sholto-Douglas, C. Bissett, L.C. Moolman, P. Bean, A. Fogarty, D, Howarth, R. Slater & G.I.H. Kerley. 2007. Considerações práticas para a reintrodução de grandes predadores terrestres de mamíferos com base em reintroduções na província do Cabo Oriental da África do Sul. The Open Conservation Biology Journal 1: 1-11.
Hemson, G. & D.W. Macdonald. 2002. Cattle predation by lions in the Makgadikgadi - some patterns and parameters (Predação de gado por leões em Makgadikgadi - alguns padrões e parâmetros). In *Lion conservation research - Workshop 2: modelling conflict*:10-12.
Linhart, S.B., R.T. Sterner, T.C. Carrigan, e D.R. Henne. 1979. Komondor guard dogs reduce sheep losses to coyotes: a preliminary evaluation. J. Range Manage. 32:238-241.
Loveridge, A. J., T. Lynam & D.W. Macdonald [Eds.]. Oxford: Wildlife Conservation Research Unit.
Hodkinson, C., Komen, H., Snow, T., e Davies-Mostert, H. (2007). Predators and Farmers (Predadores e Agricultores). Endangered Wildlife Trust. Joanesburgo.
Inskip, C. & A. Zimmermann. 2009. Human-felid conflict: a review of patterns and priorities worldwide. Fauna & Flora International, Oryx 43: 18-34.
Jackson, R. & R. Wangehuk. 2001. Linking snow leopard conservation and people-wildlife conflict resolution: grassroots measures to protect the endangered snow leopard from herder retribution. Endangered Species Species Update 4: 476-483.
Kalaivanan, N., R.Venkataramanan, C. Sreekumar, A. Saravanan, & R.K. Srivastava. 2011. Envenenamento secundário por forato de grandes carnívoros na Índia. Jornal Europeu de Investigação sobre a Vida Selvagem 57: 191-194.
King, L. 2004. King Collar: Coleiras de proteção contra predadores para gado pequeno. Carnivore Damage Prevention News 7: 8-9.
Kissui, B.M. 2008. Predação de gado por leões, leopardos, hienas-pintadas e a sua vulnerabilidade ao abate retaliatório na estepe de Maasai, Tanzânia. Animal Conservation 11: 422-432.
Kruuk, H. 2002. Hunter and Hunted: Relationships between Carnivores and People. Cambridge University Press, Cambridge.
Fundação Landmark. 2008. Predadores em explorações pecuárias: Compilado por Bool Smuts.
<http://www.landmarkfoundation.org.za/uploads/5/9/0/1/5901915/p

redators_on_livestock_farms_a_practical_manual_for_non_lethal_holistic_ecologically_acceptable_and_ethical_management_landmark_foundation.pdf> Acedido em 2 de fevereiro de 2014.

Leijenaar, S.L., Cilliers, D. & Whithouse-Tedd, K. 2015. Redução das perdas de gado após a colocação de cães de guarda de gado e o impacto das espécies de rebanho e do sexo do cão. Jornal de Pesquisa em Agricultura e Biodiversidade 4(1): 9-15.

Linhart, S. B., G. J. Dasch, R. R. Johnson, J. D. Roberts e C. J. Packham. 1992. Dispositivos electrónicos assustadores para reduzir a predação de coiotes em ovelhas domésticas: eficácia em condições de alcance e utilização operacional. Proc. Vertebr. Pest Conf. 15:386-392.

Madden, F.M. 2008. The Growing Conflict Between Humans and Wildlife: Law and Policy as Contributing and Mitigating Factors. Journal of International Wildlife Law & Policy 11: 189-206.

Marker L. 2003. Aspects of Cheetah (Acinonyx jubatus) Biology, Ecology and Conservation Strategies on Namibian Farmlands (Aspectos da Biologia, Ecologia e Estratégias de Conservação da Chita (Acinonyx jubatus) nas Terras Agrícolas da Namíbia). Tese de doutoramento, Universidade de Oxford, Oxford, Reino Unido.

Marker-Kraus, L.L., D. Kraus, D. Barnett & S. Hurlbut. 1996. Cheetah Survival on Namibian Farmlands (Sobrevivência da Chita nas Terras Agrícolas da Namíbia). Cheetah Conservation Fund, Windhoek, Namíbia.

Marker-Kraus, L. & D. Kraus. 1997. Conservation Strategies for the Long-Term Survival of the Cheetah (Estratégias de Conservação para a Sobrevivência a Longo Prazo da Chita). The Zoological Society of London 35: 59-66.

Mateo-Tomas, P., P.P. Olea, I.S. Sanchez-Barbudo & R. Mateo. 2012. Aliviar os conflitos entre humanos e animais selvagens: identificar as causas e mapear o risco de envenenamento ilegal da fauna selvagem. Jornal de Ecologia Aplicada 49: 376-385.

McBride, R. 1990. A LPC em ação na África do Sul. Ranching Magazine 71: 10-11.

Mech, D. L. 1995. The challenge and opportunity of recovering wolf populations. Conservation Biology 9:270-278.

Meissner, H.H., M.M. Scholtz & F.A. Engelbrecht. 2013. Sustainability of the South African Livestock Setor towards 2050 Part 2: Challenges, changes and required implementations. South African Journal of Animal Science 43: 298-319.

Mitchell, B.R., M.M. Jaeger & R.H. Barrett. 2004. Gestão da depredação

por coiotes: métodos actuais e necessidades de investigação. Wildlife Society Bulletin 32: 1209-1218.
Muhly, T.B. & M. Musiani. 2009. Livestock depredation by wolves and the ranching economy in the Northwestern U.S. Ecological Economics: 2439-2450.
Ogada, M.O., R. Woodroffe, N.O. Oguge & L.G. Franks. Limiting Depredation be African Carnivores: the Role of Livestock Husbandry (Limitação da Depredação por Carnívoros Africanos: o Papel da Pecuária). Conservation biology: 1521-1530.
Osofsky, S.A. 2005. Conservation and Development Interventions at the Wildlife/Livestock Interface (Intervenções de Conservação e Desenvolvimento na Interface Vida Selvagem/Pecuária). Gland. IUCN.
Pietersen, D.W., A.E. McKechnie & R. Jansen. 2014. Uma revisão das ameaças antropogénicas enfrentadas pelo pangolim terrestre de Temminck, *Smutsia temminckii*, na África Austral. South African Journal of Wildlife Research 44: 167-178.
Potgieter, G. C. 2011. A eficácia dos cães de guarda de gado para a produção e conservação de gado na Namíbia.
Dissertação (Mestrado), Universidade Metropolitana Nelson Mandela, Port Elizabeth, África do Sul.
Pratt, D.W. 1992. Electric Fences for Predator Control (Cercas Eléctricas para Controlo de Predadores). Publicação 103 da Estação de Campo de Hopland.
<http://cemendocino.ucanr.edu/files/78681.pdf#page=75> Acedido em 8 de fevereiro de 2014.
Rigg, R. 2001. Cães de guarda de gado: a sua utilização atual em todo o mundo. Documento Ocasional nº 1 do Grupo de Especialistas em Canídeos. SCC/IUCN. Prybilina, Eslováquia.
Ripple, W.J., J.A. Estes, R.I. Beschta, C.C. Wilmers, E.G. Ritchie, M. Hebblewhite, J. Berger, B. Elmhagen, M. Letnic, M.P. Nelson, O.J. Schmitz, D.W. Smith, A.D. Wallach & A.J. Wirsin. 2014.
Status and Ecological Effects of the World's Largest Carnivores (Situação e efeitos ecológicos dos maiores carnívoros do mundo). Science: 1241484 .
Rollins, D. 1995. A coleira de proteção do gado para a remoção de coiotes depredadores: uma procura de justiça perfeita? Páginas 168-171 em D. Rollins, C. Richardson, T. Blankenship, K. Canon, e S.
Henke, editores. Coyotes in the southwest: a compendium of our knowledge. Texas Parks and Wildlife Department, Austin, Texas.
Romanach, S.S., P.A. Lindsey & R. Woodroffe. 2007.

Determinantes das atitudes em relação aos predadores no centro do Quénia e sugestões para aumentar a tolerância em paisagens dominadas pelo gado. Oryx: 185-195.
Rust N.A., K.M. Whitehouse-Tedd & D.C. MacMillan. Eficácia percebida dos cães de guarda de gado na África do Sul: Implicações para a conservação da chita. Wildlife Soc Bull, 2013; 37: 690-697.
Rust, N.A. 2016. As partes interessadas podem concordar sobre como reduzir o conflito humano-carnívoro nas fazendas de gado da Namíbia? Uma nova metodologia Q e um exercício Delphi. Fauna & Flora International: 18.
Schumann, B. 2009. The needs of emerging commercial farmers in Namibia in relation to human-carnivore conflict. Tese de Mestrado, Universidade de Tecnologia da Península do Cabo, Cidade do Cabo, África do Sul.
Shelton, M. 2004. Predation and Livestock Production (Predação e produção animal): Perspective and Overview. Sheep & goat Research Journal 19: 2-5.
Shivik, J.A., A. Treves & P. Callahan. 2003. Nonlethal Techniques for Managing Predation: Primary and Secondary Repellants. Centro Nacional de Investigação da Vida Selvagem do USDA - Publicações da equipa. Documento 272. <http://digitalcommons.unl.edu/icwdm_usdanwrc/272> Acedido em 8 de fevereiro de 2014
Shivik, J.A. 2004. Non-lethal Alternatives for Predation Management (Alternativas não letais para a gestão da predação). Sheep & Goat Research journal 19: 64-71.
Shivik, J.A. 2006. Tools for the Edge: What's New for Conserving Carnivores. Bioscience 56: 253-259.
Sillero-Zubiri, C. & D. Switzer. 2004. Gestão de canídeos perto de pessoas. Páginas 257-266. Em Sillero-Zubiri, C., M. Hoffmann & D.W. Macdonald, Editores. Canids: foxes, wolves, jackals and dogs. Estudo do estatuto e plano de ação de conservação, segunda edição. Grupo de Especialistas em Canídeos da IUCN, Gland, Suíça e Cambridge, Reino Unido.
Simintiras A.C, B.B. Schlegelmilch & A. Diamantopoulos. 1994. "Greening" the marketing mix: a review of the literature and an agenda for future research. In: McDonagh P, Prothero A, editores. Green management a reader. London: The Dryden Press; 1994. p. 413e34.
Snow, T.V. 2008. A Systems-Thinking Based Evaluation of Predator Conflict Management on Selected South African Farm. Dissertação, Universidade de KwaZulu-Natal, África do Sul.

Stahl, P., J.M.Vandel, V. Herrenschmidt & P. Migot. 2001. The effect of removing lynx in reducing attacks on sheep in the French Jura Mountains. Biological Conservation 101: 15-22.
Swarner, M. 2004. Conflito humano-carnívoro sobre o gado: O cão selvagem africano no centro do Botswana. Simpósio Breslauer sobre Questões de Recursos Naturais em África. Universidade da Califórnia, Berkley, E.U.A.
Talling J.C. & Inglis I.R. (2009) Improvements to trapping standards.DG ENV, <http://ec.europa.eu/environment/biodiversity/animal_welfare/hts/pdf/final_report.pdf.> Acedido em 16 de fevereiro de 2016
Thorn, M., M. Green, F. Dalerum, P.W. Bateman & D.M. Scott. What drives human-carnivore conflict in the North West Province of South Africa? Biological Conservation 150: 23-32.
Thorn, M., M.Green, K. Marnewick & D.M. Scott. 2014. Determinantes das atitudes em relação aos carnívoros: implicações para mitigar o conflito homem-carnívoro nas terras agrícolas da África do Sul. Oryx. <http://0dx.doi.org.innopac.up.ac.za/10.1017/S0030605313000744> Acedido em 8 de junho de 2014.
Treves, A. & K.U. Karanth. 2003. Human-Carnivore Conflict and Perspectives on Carnivore Management Worldwide. Conservation Biology 6: 1491-1499.
Treves, A. & L. Naughton-Treves. 2005. Evaluating Lethal Control in the Management of Human-Wildlife Conflict. Em Woodroffes, R., S. Thirgood & A.
Rabinowitz, Editores. People and Wildlife: Conflict or Coexistance? Cambridge University Press. Cambridge University Press.
Van der Merwe P, Saayman M. Determinação do valor económico do turismo cinegético. Koedoe, 2003; 46: 103-112.
van Niekerk, H.N., P.R. Taljaard, B. Grove & H.O. de Waal. 2013. Factores que afectam a predação de pequenos animais na província do Cabo Ocidental da África do Sul. 19º Congresso Internacional de Gestão Agrícola, SGGW, Varsóvia, Polónia. <www.ifmaonline.org> Acedido em 25 de fevereiro de 2014.
Vercauteren, K.C., M.J. Lavelle & G.E. Philips. 2008. Livestock Protection Dogs for Deterring Deer from Cattle and Feed. Journal of Wildlife Management 72:1443-1448.
Wagner, K.K. & M.R. Conover. 1999. Effect of preventative Coyote Hunting on Sheep Losses to Coyote Predation. Journal of Wildlife Management 63:606-612.

Wam, H.K., J.G. Dokk & O. Hjeljord. 2004. Redução dos ataques de lobos a ovelhas em Ostfold, Noruega, utilizando vedações eléctricas. Carnivore Damage Prevention News **7**: 12-13.

Woodroffe, R. 2003. African wild dogs and African people - conservation through coexistence. Segundo relatório anual do Projeto do Cão Selvagem de Samburu-Laikipia. Relatório não publicado; Universidade da Califórnia, Davis.

Woodroffe, R. & L.G. Frank. 2005. Lethal control of African lions (*Panthera leo*): local and regional population impacts. The Zoological Society of London 8: 91-98.

Woodroffe, R., S. Thirgood & A. Rabinowitz, Editores. 2004. People and Wildlife: Conflict or Coexistance? Cambridge University Press. Cambridge University Press, Londres.

Apêndice A - Formação

Os cachorros só devem ser obtidos de um cão de trabalho comprovado. Inicialmente, o agricultor terá de estar disposto a despender uma quantidade razoável de tempo e esforço para criar com sucesso um cão de guarda de gado eficaz. A manutenção de um cão saudável é fundamental e está diretamente relacionada com a sua capacidade para desempenhar a sua função. As vacinas (esgana, hepatite, parvo vírus, para-influenza e raiva) devem ser mantidas actualizadas e administradas a intervalos adequados. Os cães devem ser desparasitados de quatro em quatro meses e, dependendo do produto, devem ser tratados contra carraças e pulgas de quatro a oito semanas. Além disso, deve ser colocada uma coleira Preventick às oito semanas de idade e substituída de 14 em 14 semanas. A inspeção diária para detetar carraças, pulgas ou outros problemas de saúde deveria ser feita. A castração ou esterilização deve ter lugar aos seis meses e é feita para evitar que os cães se afastem da manada e se distraiam quando procuram um companheiro. É necessária uma alimentação de alta qualidade para fornecer ao cão energia suficiente para cumprir o seu papel. O rápido crescimento ósseo dos cachorros significa que um suplemento de cálcio pode ser benéfico das seis semanas aos seis meses. Depois disso, o desenvolvimento muscular requer uma dieta com proteínas suficientes. A alimentação deve ocorrer de manhã, antes de sair, e à tarde, quando o cão regressa a casa. Antes de sair, o cão deve ter acesso a água e não deve ser alimentado com granulados ou papas secas. Poderá ser necessária uma área em que o gado não possa aceder à comida do cão. Os cães de guarda de gado nunca devem ser alimentados com carne crua, pois isso pode provocar um comportamento indesejável do cão ao interagir com o rebanho. No entanto, podem ser-lhes dados ossos e cascos para mastigarem durante a dentição (Cheetah Outreach Complete - Farmers Manual 2013).

É necessário ter paciência quando se cria um cão de guarda de gado. Os cachorros devem ser colocados junto do rebanho a que se destinam entre as seis e as oito semanas de idade. Até às dezasseis semanas, o cachorro deve ser deixado com oito a dez cordeiros que tenham sido desmamados. Estes borregos tendem a constituir um grupo central que deve passar a vida com o cão. Isto ajuda a assegurar a manutenção de uma forte ligação entre o cão e o seu rebanho. Antes de atingir a idade em que é capaz de ir com o rebanho, o cachorro nunca deve ser deixado sozinho no kraal. Alguns membros do rebanho devem ser deixados com o cachorro para encorajar a formação de laços. A formação de laços é fundamental para que o cão seja bem sucedido como cão de guarda de gado. A ligação é a motivação que leva o cão a ficar com o rebanho e a protegê-lo. As ligações são criadas entre os dois e os quatro meses de idade. Após as 16 semanas de idade, o cachorro pode ser apresentado ao resto do rebanho num campo relativamente pequeno situado perto da casa para fins de controlo. A partir dos três meses, o cachorro pode acompanhar a manada sob supervisão. Os cães deveriam ser passeados ao longo das linhas de vedação dos campos para se familiarizarem com o território. Os cães devem ser familiarizados com outros animais da zona, como o gado, outras manadas ou rebanhos e cavalos. Isto é particularmente importante se os rebanhos utilizarem uma área comum para evitar que outros animais sejam vistos como uma ameaça e que o cão se defenda deles. Passear o cão e a sua manada por entre estes animais ajuda o cão a aceitar a sua presença e deve ser feito até que isso aconteça. Os cães também devem ser ensinados que os herbívoros selvagens não representam uma ameaça. O ladrar é uma indicação de que o cão vê algo como uma ameaça potencial. Por conseguinte, devem ser imediatamente repreendidos se este comportamento for dirigido a animais não visados. Isto é feito para evitar que o comportamento de perseguição ocorra numa fase posterior. Uma vez aprendida, a caça é muito difícil de corrigir. Os cães podem ficar feridos se entrarem em conflito com animais não visados, como o javali ou antílopes com chifres, podendo perder-se devido a esses ferimentos. Aos seis meses de idade, os cachorros podem demonstrar um comportamento brincalhão, resultando em mortes de animais. Durante este período, deve ser prestada uma atenção e um controlo cuidadosos. As repreensões devem ser feitas imediatamente e pode ser utilizado um arame de proteção durante a noite, se necessário. Uma monitorização atenta durante o primeiro ano pode ajudar muito a garantir que os comportamentos indesejáveis possam ser corrigidos e permitir que o cão e o dono se familiarizem um com o outro. Isto é fundamental, pois embora o afeto humano desnecessário seja desencorajado, o dono deve ser capaz de manusear o cão para verificar a existência de carraças, pulgas e feridas. O treino de trela numa idade jovem permitirá ao agricultor conduzir o cão quando for necessário, por exemplo, numa ida ao veterinário. A proteção do cachorro contra o gado agressivo e o pisoteio pode ser conseguida através da utilização de um pequeno recinto dentro do kraal. Devido ao tamanho da maioria dos cães de guarda de gado, a maturidade ocorre mais tarde do que nas raças mais pequenas, pelo que pode ser necessário um treino contínuo durante um período de tempo, mesmo que o cão tenha atingido o tamanho de um adulto (Cheetah Outreach Complete Farmers Manual - 2013).

A colocação de um segundo cão pode ser necessária numa exploração agrícola extensiva. Um cão pode guardar com sucesso até 300 ovelhas, mas seria necessário um segundo cão por cada 200 ovelhas adicionais acrescentadas ao rebanho. Se um rebanho for conhecido por se dispersar, pode ser empregue um segundo cão para evitar que um cão fique sobrecarregado. Os cães adicionais só devem ser acrescentados seis meses a um ano depois de o primeiro cão atingir a maturidade. O primeiro cão terá experiência, que poderá utilizar para ensinar o cão mais novo. Os cães que estão a trabalhar juntos devem ser do mesmo sexo e o segundo cão deve ser

introduzido, o mais tardar, às 8 semanas de idade. O mesmo procedimento deveria ser seguido com o segundo cão, mas deveria também incluir a apresentação ao cão mais velho após as duas primeiras semanas de permanência no kraal com as ovelhas. Estes encontros deveriam ter lugar numa área neutra, longe do gado, e deveriam ocorrer com maior frequência após o segundo mês. Quando os dois cães se tiverem aceitado mutuamente, o cachorro pode ser integrado no rebanho. Os cães devem ser cuidadosamente monitorizados nesta fase, se for observada agressividade ou se o cachorro continuar a exibir um comportamento brincalhão, é aconselhado um mês adicional de intervalo (Cheetah Outreach Complete Farmers Manual - 2013).
Uma vez que um cão tenha sido vinculado a um tipo específico de animal, é possível movê-lo para que ele trabalhe com um novo rebanho composto pelo mesmo tipo de animal, mas ele não pode ser movido para um rebanho ou bando composto por uma espécie diferente. Um cão ligado a ovelhas não pode ser colocado com cabras e vice-versa (Cheetah Outreach Complete Farmers Manual - 2013).

MIX
Papier aus verantwortungsvollen Quellen
Paper from responsible sources
FSC® C105338

Printed by Books on Demand GmbH, Norderstedt / Germany